煤层煤体结构特征及识别

黄　波　著

中国矿业大学出版社

·徐州·

内 容 提 要

采用煤地质学、煤层气地质学、岩石力学、构造地质学等多学科的研究方法对煤体结构特征进行识别和研究,主要分析煤体变形地质控制因素、煤体变形机理、煤体结构水力强化机理等。

本书从多角度分析研究煤体结构特征和识别技术,旨在为煤田、煤层气地质煤储层研究领域的科技人员及大专院校师生提供参考和帮助。

图书在版编目(CIP)数据

煤层煤体结构特征及识别 / 黄波著. — 徐州 : 中
国矿业大学出版社,2020.9
ISBN 978 - 7 - 5646 - 4817 - 6

Ⅰ. ①煤… Ⅱ. ①黄… Ⅲ. ①煤层—结构—识别②煤
矿—结构—识别 Ⅳ. ①TD823.2②TD163

中国版本图书馆 CIP 数据核字(2020)第177461号

书 名	煤层煤体结构特征及识别
著 者	黄 波
责任编辑	于世连
出版发行	中国矿业大学出版社有限责任公司
	(江苏省徐州市解放南路 邮编221008)
营销热线	(0516)83885370 83884103
出版服务	(0516)83995789 83884920
网 址	http://www.cumtp.com E-mail:cumtpvip@cumtp.com
印 刷	徐州中矿大印发科技有限公司
开 本	787 mm×1092 mm 1/16 **印张** 10.5 **字数** 194 千字
版次印次	2020 年 9 月第 1 版 2020 年 9 月第 1 次印刷
定 价	36.00 元

(图书出现印装质量问题,本社负责调换)

前　言

在我国能源消耗构成中,煤炭资源占比约为三分之二。煤储层煤体结构是研究煤层气开发以及煤矿瓦斯的关键因素。不同煤体结构物、化学性质的差异是研究煤体结构的物质基础。不同煤体结构的力学参数、渗透率、孔隙度、比表面积、吸附特征、裂隙充填、大分子结构等均有差异。不同煤体结构物理性质、化学性质上的差异导致煤体电性、弹性、放射性、密度上的差异。煤层因煤体结构的分布而加剧非均质化。识别煤体结构是研究煤储层特理性质的关键。

煤体结构识别主要包括井下实测、钻孔岩芯取样、地球物理勘探等方法和手段。井下实测虽然准确、直接,但是代表性难以保证。钻孔岩芯取样存在构造煤取芯和识别效率问题。地球物理方法识别煤体结构有着高效、快捷的优点,但是存在着精度问题。煤体结构预测依然是我国煤田地质和煤层气地质界的一个技术难题。煤体结构三维空间展布受哪些地质因素控制,地球物理测井对其有何种响应,与之相伴随的煤储层渗透率差异如何识别,煤储层可改造性评价技术如何发展,这些问题目前尚无明确答案,严重影响采煤区块内部有利建产区优选、滚动式开发方案制订以及煤层气井部署。为了研究煤体结构特征、煤体结构识别、煤层气优质储层预测、煤储层可改造性,作者先后承担了河南省科技攻关重点项目"豫西煤体结构分异及煤层可改造性研究"(编号 182102310016)、河南省高等学校重点科研项目"豫西构造煤煤层顶底板水力压裂机理研究"（编号12A440001）、河南工程学院博士基金项目"煤体结构地球物理响应机理及识别研究"（编号DKJ2019019）等。作者采用煤地质学、煤层气地质学、岩石力学、构造地质学以及数据模拟等多学科的研究方法对煤体结构特征和识别进行了研究。

由于作者水平有限，书中难免有疏漏和不当之处，请读者批评指正。

著者

2020 年 5 月

目　　录

第1章 概 述

　　研究煤体结构首要条件是能清楚煤体结构的分类。煤体结构的分类方法多种多样。依据不同的研究领域,煤体结构有着迥异的分类方法。各种分类方法不外乎依据煤体结构的完整性、破坏变形后的形态特征等。煤体结构特征研究已由宏观特征演化至微观大分子结构。不同煤体结构的孔隙、渗透率、吸附能力以及力学性质呈现出不同的特征。煤体结构特征研究以及三维空间的非均质性控制着煤层渗透率以及煤岩力学性质,是制约煤层气勘探开发和煤炭安全生产的关键因素之一。

1.1 煤体结构概念及分类

1.1.1 煤体结构概念

　　要讨论煤体的问题不得不从构造煤的概念说起,构造煤的概念国内外的学者对其叫法并不统一,如构造煤、构造变形煤、变形煤、破坏煤、软煤、突出煤等。研究的出发点不同,构造煤命名不同。有从构造岩的研究加以命名的;有从煤与瓦斯突出的关系加以命名的。但是,有一个共识就是煤体结构是后期构造的作用引起的。结合上述两种研究方向,构造煤是在一期或多期构造应力作用下,煤体原生结构、构造发生不同程度的脆裂、破碎或韧性变形或叠加破坏甚至达到内部化学成分和结构变化的一类煤。

　　煤体结构的概念伴随着构造煤的概念演化,是煤体变形的一种特征表述。随着煤层气地质学等领域对煤体结构的研究,单从某一研究领域来定义煤体结构有一定的局限性。依据国家标准《煤体结构分类》(GB/T 30050—2013),煤体结构是指煤层在地质历史演化过程中经受各种地质作用后,煤体内部受破坏变形程度的特征。

　　煤体结构分类是基于瓦斯地质学相关理论在构造煤结构研究的基础上提

出来的。煤体结构分为原生结构(MJ-Ⅰ)、碎裂结构(MJ-Ⅱ)、碎粒结构(MJ-Ⅲ)、糜棱结构(MJ-Ⅳ)四种类型。这种分类着重的是煤体结构的宏观可辨识度，以增加煤体结构识别的可操作性和应用性。

1.1.2 煤体结构分类

一直以来，煤体结构分类的学术研究比较活跃。依据研究的侧重点、研究领域的不同，大致分为以下三种分类方法。

（1）第一种分类方法

20世纪70年代以前，构造煤的分类主要以构造煤结构研究为基础进行划分，即依据煤体的破碎程度进行分类，属于结构分类。构造煤类型的划分大多借鉴于20世纪70年代以前构造岩的分类方法，即根据构造煤的粒度大小划分出不同类型。

1958年，苏联东方煤矿安全研究所将构造煤分为层状构造煤、微褶皱状构造煤、褶皱状构造煤和强烈褶皱状构造煤4类。此分类方法没能从煤体变形的结构特征出发，仅从煤体宏观的构造变形形态出发，是构造煤分类的雏形。1958年，苏联矿业研究所基于对煤的原生与次生节理的变化、微裂隙间距、断口、光泽等特征，将构造煤分为非破坏煤、破坏煤、强烈破坏煤、粉碎煤、全粉煤5类。煤层中含有Ⅳ、Ⅴ类破坏类型的分层是发生煤与瓦斯突出的必要条件。煤的破坏类型容易识别，所以这种分类方法延续较长。

1979年，中国矿业学院瓦斯课题组在苏联矿业研究所研究的基础上，从突出的难易考虑，把煤结构的破坏程度分为甲、乙、丙3类。与苏联的上述分类相比，甲类相当于Ⅰ、Ⅱ类，是难突出煤；乙类相当于Ⅲ类，是可能突出煤；丙类相当于Ⅳ、Ⅴ类，是易突出煤。1990年，焦作矿业学院瓦斯地质研究室参考苏联矿业研究所和中国矿业学院瓦斯组两种分类划分法，根据煤体宏观结构特征，以构造煤的类型为基础，以突出的难易程度为依据，本着实用和易于鉴别的原则，把煤体结构划分为4种类型：原生结构煤、碎裂煤、碎粒煤、糜棱煤。这种划分，煤体结构名称虽然和《煤体结构分类》一致，但分类依据不同。

我国《防治煤与瓦斯突出细则》以苏联5类划分方法为基础提出了煤的破坏类型划分新标准，共划分出5种类型，即Ⅰ类（非破坏煤）、Ⅱ类（破坏煤）、Ⅲ类（强烈破坏煤）、Ⅳ类（粉碎煤）、Ⅴ类（全粉煤）。随着煤体结构在煤层气地质学等学科中的应用，以往的煤体结构划分从单一的研究方向出发，这有一定的片面性和局限性。

（2）第二种分类方法

20 世纪 70 年代以后，国际构造岩的研究有了新的发展，特别是 1981 年在美国召开"糜棱岩类岩石的意义和成因"会议之后，构造岩通常被划分为两大系列：脆性系列和韧性系列。构造煤的分类仍然借鉴构造岩的分类方法，但提出的时间比较晚。这一阶段构造煤分类最主要的是考虑煤的韧性变形特点，并把糜棱煤纳入韧性变形序列的构造煤。该阶段构造煤的分类可通称为成因-结构分类。

1990 年，侯泉林等把糜棱岩的最新研究成果应用于糜棱煤的研究，认为糜棱煤具有以下特征：具有强化面理、线理或其他流动构造，即以韧性变形为主；煤层原生结构遭到严重破坏或被置换；煤的原生颗粒变细；发育在一个面状地带内，主要由层间滑动构造造成。

到 20 世纪 90 年代，少数学者提出，"糜棱煤"应为韧性变形的构造煤，并描述了糜棱煤的宏观、微观形态特征。李康等根据四川南桐鱼田堡煤矿 4 号及 6 号煤层的扫描电镜结果，将煤岩划分成 5 类：非构造煤、微裂隙煤、微劈理煤、碎裂构造煤和糜棱构造煤，并详述各类煤的特点和其所代表的构造意义，但没有给出较完整的分类方法。1995 年，侯泉林等通过闽西南地区构造煤的系统观察研究，初步提出了构造煤的成因分类方法，缩小了构造煤与构造岩研究之间的距离。1996 年，朱兴珊等通过对南桐矿区各矿井所有可采煤层的井下煤壁、手标本和显微镜下观察，在充分总结各类破坏煤特征的基础上，采用煤分层的平均破碎程度级别来划分和命名煤的宏观破坏类型，并把构造煤划分为完整煤Ⅰ和破坏煤Ⅱ、Ⅲ、Ⅳ等 4 类煤，但仍未给出完整的分类方法。

曹代勇等从煤的变形机制角度，利用显微及超微分析手段，研究了大别造山带北麓北淮阳地区石炭纪高煤级煤，提出了构造煤变形序列划分方法。该方法将构造煤划分为脆性变形和韧性变形两大类（表 1-1）。他们分类中特别强调：① 鳞片状结构煤是在脆性变形机制下形成的，与韧性流变条件下具揉流结构的真正意义上的"糜棱煤"有本质的区别。② 韧性变形煤形成的根本条件是高温高压地质背景，与应力作用的性质无关。脆性变形煤形成的根本条件是应力作用。挤压或引张应力作用形成具有粒状特点的构造煤，剪切应力作用形成具有片状或鳞片状特点的构造煤。③ 构造煤大类划分的依据是煤体变形的温压条件，即煤的脆韧性岩石力学性质；其进一步的划分依据是煤体变形的受力条件（即张、压、剪等）。

表 1-1　煤的构造变形类型划分

类型	变形机制	变形环境
碎裂煤	脆性变形	挤压或无方向性的张裂,且张裂作用占主导地位
碎斑煤		
鳞片煤		强烈剪切应变环境
碎粉煤		强烈破碎带,也可能是鳞片煤后期改造的结果
非均质结构煤	韧性变形	在构造应力作用下,由于高地温背景引起韧性流动
揉流糜棱煤		高温、高应力地质环境,构造变形达到煤的大分子结构尺度

　　琚宜文在详细研究沁水盆地和两淮煤田构造煤的基础上,划分了对煤层渗透率有着重要意义的片状煤,并将其归类到脆性变形序列,界定了鳞片状煤的归类问题,提出了构造煤成因分类新方法,将构造煤分为脆性变形、脆韧性变形和韧性变形 3 个序列 10 类煤。其中:脆性变形序列包括碎裂煤、碎斑煤和碎粒煤、碎粉煤和片状煤和薄片煤;韧性变形序列包括揉皱煤、糜棱煤和非均质结构煤;脆韧性过渡型为鳞片煤。不同类型构造煤还可出现过渡类型,如原生结构-碎裂煤、揉皱-糜棱煤、非韧性结构-碎裂煤、片状-鳞片煤、片状-揉皱煤等。

　　为了突出煤体结构分类的适用性和形态结构特点,王恩营从应用角度并借鉴构造岩的分类方法,把构造煤划分为脆性和韧性两大系列 8 种类型。各类型构造煤不仅结构构造存在显著差异,而且反映不同的变形环境和变形机制。与老的成因-结构分类方法相比,在脆性序列的构造煤中,王恩营又考虑了构造煤的形态结构特点,并据此把脆性序列的构造煤进一步划分为片状序列和粒状序列。脆性变形序列的构造煤是最常见的构造煤类,其中片状序列的构造煤最为常见。此分类方法仅考虑了脆性和韧性变形 2 个序列,而忽视了脆韧性变形。

　　李云波在研究淮北矿区煤体变形的基础上,借鉴前人的分类方法,考虑了煤体变形机制,将煤体分为原生结构煤类、碎裂煤类、片状煤类、鳞片煤类、揉皱煤类和糜棱煤类等 6 类,并划分为脆性变形、韧行变形、韧脆性变形 3 个序列(表 1-2)。

　　(3) 第三种分类方法

　　第三类分类方法是基于测井曲线识别煤体结构的研究。在上述两类煤体结构划分方法的基础上,第三类分类方法考虑了煤体结构对煤储层渗透率的影响和测井曲线的识别精度。研究表明,原生结构煤和碎裂煤的渗透率要高

表 1-2 煤体结构分类

变形系列	类别	亚类	结构构造	节理和裂隙	手试强度	显微结构	变形标志	构造环境	分类
非破坏煤类	原生煤类	原生结构煤	原生结构保存完整，以亮煤、半亮煤为主	内生裂隙常见，构造裂隙较稀疏	煤体坚硬，用手难以掰开	煤岩成分易区分，镜煤条带清晰	煤体原生结构清晰，煤体未发生破坏或者位移	构造应力微弱，无明显破坏环	I
脆性变形	碎裂煤类	碎裂煤	原生结构保存相对完整，条带状构造可见	除内生裂隙外，发育一组或多组相互切割的构造裂隙	煤体坚硬，难以掰开，或沿裂隙断开	煤岩成分区分，镜煤条带清晰现位移	裂隙比原生煤多，具有多期性	脆性变形为主，应力微弱	I～II
		碎斑煤	原生结构仅在局部块中可见，常见碎斑状碎斑构造	内生裂隙模糊，裂隙发育多呈网格状	煤体呈碎块状，棱角大小不等，粒度 1～5 mm	煤岩成分基本可分，裂隙发育，出现位移	煤体破碎成斑状，大小不均，具有碎斑构造	脆性变形环境	II～III
		碎粒煤	煤体破碎成粒状，均匀呈磨圆状或棱角圆状颗粒	裂隙较为发育，单条裂隙难以追踪	用手呈压成碎粒状，粒径小于 1 mm	煤岩成分密集发育，裂隙密集变，变形较集发育	煤体破碎成粉状，粒度较均一	脆性变形环境，较强应力环境	III～IV
		碎粉煤	煤体破碎、土状结构，光泽暗淡	裂隙异常发育，肉眼难辨，显微镜下异常发育	手捻成粉状	煤岩则分难分辨，煤棱质结构可见，煤粒成棱角或磨圆	煤体破碎成粉，但局部无定向性	脆性破裂或塑性流变叠加	V

表 1-2（续）

变形系列	类别	亚类	结构构造	节理和裂隙	手试强度	显微结构	变形标志	构造环境	分类
脆性变形	片状煤类	片状煤	原生结构可见，条带状构造保存相对完整	发育一组优势裂隙，常顺层发育	沿构造裂隙断裂，破碎成片状，厚度1~5cm	构造煤裂隙相互平行，伴生裂隙不发育，煤体呈片状	原生结构可见，煤体切割成片状结构	剪切变形	Ⅰ～Ⅱ
		薄片煤	原生结构难见，层理不清	优势裂隙可辨，但单条裂隙不可追踪，煤中滑面发育	用手可辨成片状或者碎粒状粒径小于1mm	裂隙发育，优势裂隙相互切割，穿插，煤体呈片状	薄片状煤体，可见滑面构造，未见韧性变形	剪切变形，较强应力环境	Ⅱ～Ⅲ
脆韧过渡型	鳞片煤	鳞片煤	原生结构不见，鳞片状结构发育，小型滑面发育	裂隙密集，多向切割穿插，颗粒剪切揉皱，煤中滑面可见	煤体破碎成鳞片状或者薄片状，可捏成0.5~1cm小薄片或碎粒	不同裂隙切割成模片型，鳞片型，出现韧性变形	滑面滑移，鳞片状煤体韧性变形	脆性破裂与塑性流变叠加	Ⅲ～Ⅳ
韧性变形	揉皱煤	揉皱煤	原生结构消失，层理难分，揉皱剪切滑面发育	裂隙十分发育，裂隙杂乱，难以区分和分析	煤体较软，触动即脱落，手捏成粉	煤岩组分难分，韧性变形和变形裂隙发育	煤体揉皱等韧性变形	脆性破裂与塑性流变叠加	Ⅳ～Ⅴ
	糜棱煤	糜棱煤	团块状，透镜状结构，可见揉皱变形，破碎成粉	裂隙异常发育，肉眼难辨，土结构	手捏成粉，粒径小于1mm	煤岩组分破碎，棱质结构，颗粒的定向排列	煤体破碎成粉，宏观上韧性变形，微观定向性	塑性流变为主	Ⅴ

于其他煤体结构的。傅雪海等根据对构造煤的测井曲线特征,利用聚类分析的方法,将两淮煤田各矿井煤体结构划分为原生结构——碎裂煤(Ⅰ类)、碎斑煤(Ⅱ类)和糜棱煤(Ⅲ类)3 种类型,其中Ⅰ类煤渗透率高于其他两类煤的。汤友谊等根据非接触性探测煤体结构类型的需要,依据煤体结构的宏观特征和不同煤体结构类型煤的物性参数的测定结果,在对原煤体结构四种分类方法做了较大补充的基础上,提出了硬煤和构造煤的煤体结构二类分法,其中硬煤与原生结构煤、碎裂煤相对应;构造煤与碎粒煤、糜棱煤相对应。

不同煤体结构分类方法虽然均有其合理性,但是各分类方法存在界定或者定义不清晰,在实际中可辨性不强或者划分过细、过宽泛。针对分类的多样性,我国于 2014 年颁布了煤体结构国家标准《中华人民共和国国家标准:煤体结构分类》(GB/T 30050—2013)。该标准将煤体结构分为原生结构、碎裂结构、碎粒结构、糜棱结构 4 类。可以依据煤的宏观煤岩类型的可分辨程度、层理完整度、煤体破碎程度、裂隙及揉皱发育程度、煤体手试强度等宏观特征进行分类(表 1-3)。

表 1-3　煤体结构分类

类型	代码	分类因素				
		宏观煤岩类型可分辨程度	层理完整度	煤体破碎程度	裂隙及揉皱发育程度	手试强度
原生结构	MJ-Ⅰ	宏观煤岩类型界限清晰,宏观煤岩成分可辨	原生结构完整,层理连续	煤体完整	裂隙未错开层理,无揉皱及构造滑面	坚硬、较坚硬
碎裂结构	MJ-Ⅱ	宏观煤岩类型界限清晰,宏观煤岩成分可辨,局部轻微错动	原生结构遭受轻微破坏,层理易辨	煤体较完整或煤体破碎,碎块粒径一般大于 5 mm	外生裂隙发育,裂隙将层理轻微错开,揉皱不发育,偶见构造痕迹	较坚硬
碎粒结构	MJ-Ⅲ	宏观煤岩类型界限整体不可分辨,局部小块煤新鲜断面宏观煤岩成分可辨	原生结构遭受严重破坏,层理难辨,局部小块内部偶可见层理结构	煤体破碎,粒径多为 1～5 mm	煤体多被裂隙切割成块状,常见揉皱,滑面发育	较疏松
糜棱结构	MJ-Ⅳ	宏观煤岩类型不可分辨,煤岩成分无法分辨	原生结构遭受严重破坏,层理消失	煤体多呈鳞片状、揉皱状	裂隙无法观测,揉皱及滑面极发育	疏松

1.2 煤体结构发育和识别特征

煤体各组成部分的颗粒大小、形态特征及其相互关系反映着不同煤体结构的发育情况(亦是煤体结构的识别特征)。煤体结构常常最直观地展现在人们面前。在煤体结构研究的逐项内容中,许多认识已渐趋一致,主要研究工作向更深层次发展。从研究尺度上来说,可分为宏观结构、微观结构、超微观结构和分子结构4个层面。

(1) 构造煤宏观结构特征

构造煤的宏观结构特征是指在肉眼条件下可以鉴别的特征,包括微裂隙、微褶皱、显微组分破碎和位移、构造滑面与塑性流变现象等。依据煤体的破坏程度或破碎后的粒度大小以及变形性质,一般可分为碎裂结构、碎粒结构、粉粒结构和糜棱结构4种类型。开始研究时,一般认为糜棱煤是破碎程度最严重的煤(仍属于脆性变形序列的范畴),但随着研究的不断深入,逐渐认识到糜棱煤是韧性变形的结果。苏现波认为,煤在挤压应力作用下破碎的结果为原生结构煤-碎裂煤-碎粒煤-碎粉煤。

章云根对淮南矿区煤层变形的研究表明:煤层的层间揉皱十分明显,原生条带状结构难于辨认,不同程度的褶皱类型繁多(有直立、倾伏、倒转甚至平卧等多种形式),多数褶皱界面已不是原来的层理面,而常呈一层极薄的光亮镜面—构造镜面,褶皱之间交切关系也很复杂。对煤体结构的发育特征和识别目前还处于定性描述阶段。郭红玉等引入了地质强度指标,通过观测结构与构造、结构面的光滑程度等,依破坏程度的加剧进行了0~100的无量纲赋值,然而其依然在定性识别的基础上进行的定量化。

煤体结构分类标准分别从宏观煤岩类型可辨识程度、层理完整性、煤体破坏程度、裂隙及揉皱发育程度、手试强度五个方面界定了煤体发育程度和识别特征。

(2) 构造煤微观结构特征

构造煤的微观结构特征是指在光学显微镜下可以鉴别的特征。与构造煤的宏观结构特征对比,除了可以看到宏观上能够看到的特征之外,还可以看到煤的异向光性紊乱及波状消光现象等。

(3) 构造煤超微观结构特征

构造煤的超微观结构特征是指在电子显微镜下可以观察到的特征。除了可以看到宏观上、微观上能够看到的特征之外,还可以看到脆性变形煤中的网状结构、粉粒状结构及韧性变形煤中的核幔构造、不对称眼球状构造等。我国最早用扫描电镜研究构造煤显微结构而见诸文献的是徐耀奇等的论述。

（4）构造煤分子结构特征

构造煤的分子结构特征主要包括镜质组反射率特征、电子顺磁共振特征和 X 射线衍射特征。

镜质组反射率不仅被广泛地用作表示煤化程度的指标,还是反映煤结构的参数。与原生结构煤相比,构造煤的 $R_{0,\max}$、$R_{0,\min}$ 和 $R_{0,\max}-R_{0,\min}$ 都明显增大,说明在构造煤形成过程中发生了动力变质作用。根据张玉贵等对平顶山、豫西和豫北三个典型的不同构造单元二$_1$ 煤层构造煤和原生结构煤镜质组反射率测定,构造煤的 $R_{0,\max}$ 比原生结构煤的平均要大 0.558%,$R_{0,\min}$ 平均要大 0.124%,$R_{0,\max}-R_{0,\min}$ 平均要大 0.434%。以上说明构造煤稠环上侧链脱落、碳原子数增多,煤分子量增大,芳香环石墨层的聚合作用在最小挤压应力方向上优先形成。构造应力会使煤岩组分尤其是镜质组分各部位的光性方位产生一定的偏移,因此,在构造煤中可观察到波状消光现象。

别柯别夫发现顿巴斯矿区构造煤的 EPR 信号强于非构造煤。袁崇孚等研究南桐煤层,发现煤的破坏程度与顺磁中心浓度有较好的正相关关系。唐修义对淮南、淮北矿区构造煤和非构造煤的自由基浓度进行了测定,发现前者是后者的一倍多。郭德勇等对平顶山煤层的自由基浓度进行了研究,发现构造煤的自由基强度值都高于对应同一点原生结构煤的。

X 射线衍射法是岩矿鉴定的重要方法,是利用 X 射线透过晶体内部点阵时发生衍射来得到晶体内部结构信息的方法。煤体 X 射线衍射特征也随构造煤发育程度的提高而提高,其主要表现为 L_a、L_b 和 L_c 值有增加的趋势,而 d(002)值（面网间距）有降低的趋势等。构造煤的面网间距总是小于原生结构煤的,构造煤 L_a/L_c 大部分小于 1。

1.3 煤体结构与煤层渗透率关系研究

不同煤体结构的煤层颗粒大小、形态及相互关系控制了煤层孔隙度和孔隙结构特征,进而控制着煤层渗透率的变化。煤体结构与煤层渗透率的关系研究主要有煤体变形下的煤体渗透率试验和不同煤体结构分布特征下的煤储层渗透率分异性两类方法。

不同环境条件下不同煤体与煤层渗透率的关系试验基本表明:当煤体发生脆性变形达到碎裂结构时,煤体渗透率到达最佳状态;随着煤体结构向碎裂结构、碎粒结构、糜棱结构转变,煤体渗透率有变小的趋势。然而煤体结构与煤层渗透率相关性试验不能直接用于表征原煤渗透性;在卸压后估算的煤层渗透率,不能反映煤层原始渗透率的量值大小,仅能定性描述煤层渗透性能的相对好坏。现在实验室内普遍采用的型煤测试方法由于破坏了原始煤体的孔裂隙结构,所得煤层渗透率与真实的三轴应力状态下的原煤渗透率相差较远,因此若采用原煤进行试验,则试验样品又缺乏代表性。

煤体结构对原煤渗透率的影响研究开展较少。目前主要依据构造煤层域分布特征和试井渗透率来拟合两者的关系。钟玲文等通过对我国主要含煤区的100多个煤层以及若干个钻孔煤芯,进行宏观煤岩类型、煤体结构、煤裂隙以及与煤层渗透性等方面研究,其结果表明:对于一个既有碎裂煤,又有碎粒煤和糜棱煤发育并交替出现的煤层,碎粒煤和糜棱煤在碎裂煤之间起着低渗透性的屏障作用;渗透性低的煤分层扼杀了渗透性高的煤分层,极大地降低了煤层渗透性。因此在有碎粒煤和糜棱煤发育的煤层,煤体结构对煤层渗透性的影响大于裂隙发育程度的影响,成为控制煤层渗透性的首要因素。Fu等建立了煤储层渗透率与Ⅱ、Ⅲ类构造煤厚度百分比之间的数学模型,其研究结果反映了Ⅱ、Ⅲ类构造煤厚度百分比与煤层渗透率呈指数递减的关系。

上述研究均表明,煤体结构是控制煤储层渗透率的主要因素之一。不同煤体结构的层域分布控制着煤层渗透率的变化。

1.4 煤体结构对煤层气井产能影响研究

煤体结构与煤层气井产能的影响研究较少。目前的研究主要是通过煤体结构与煤层渗透率的关系来间接反映煤层气井产能的大小。

倪小明等研究了恩村井田煤体结构与煤层气垂直井产能关系,对比了煤体结构分布和各煤层气垂直井产能分布特征,其研究结果表明:在忽略钻井、完井及射孔等其他工程因素对煤层气产能的附加影响外,恩村井田煤体结构与煤层气垂直井产能具有较好的一致性,即碎裂煤对煤层气井产能贡献最大,原生结构煤的次之,碎粒煤和糜棱煤的最小;不同煤体结构组合下,井径扩径的钻进因素是主控因素;钻井液密度、天然裂隙发育与最大水平主应力方向的关系、排量大小对不同煤体结构煤层扩径具有不同影响;储层污染范围与井径大致呈正相关关系;在碎粒煤及糜棱煤发育处,井筒周围形成厚层的水泥环;水力压裂初始施工压力将快速上升,导致水泥环破裂,同时压裂液的大量滤失会降低压裂裂缝的延伸范围,甚至导致砂堵等工程问题;在排采过程中,煤层水及煤层气均有携带煤粉的能力,易造成排采通道的堵塞,导致气井产能迅速降低,同时容易造成裂缝闭合,降低解吸范围;煤体结构越破碎,煤粉产出越多,裂缝闭合越严重,煤层气井产能越降低。

然而对煤层气井产能影响的煤层气开发工艺和煤体结构、煤体结构在纵向上的组合、不同煤体结构所占的比例等因素研究不足。

1.5 煤体结构形成演化动力学机制研究

从煤体结构的成因、特征出发,研究煤体结构的形成控制因素包括研究煤岩学组成及沉积、地层构造变形、煤岩力学性质、煤体破坏力学性质等。

1.5.1 煤岩学组成及沉积因素与煤体结构

煤层中不同宏观煤岩类型、显微煤岩组分在构造应力下,破坏机理以及破坏程度均不同,这反映了不同煤体结构煤岩组分的差异。煤的裂隙密度按照光亮型煤、半亮型煤、半暗型煤、暗淡型煤次序逐渐降低;镜煤中的显微裂隙最发育,亮煤中的次之,暗煤和丝炭一般不发育裂隙。煤岩类型的条带越薄、厚度越小,裂隙越发育。何伟钢井下观测了平顶山东部矿区构造煤的煤岩特征,亦得出同样的规律。

煤的显微煤岩组分的受力变形机制也有明显的规律。朱兴珊运用岩石损伤力学和流变学理论进行研究,得出:构造煤在微观上以脆性拉裂为主;在煤岩组分中镜质体和丝质体脆性较强,主要发生脆性变形;壳质组和具有碎屑结构的煤分层韧性较强,主要发生韧性变形。王生全等研究,煤体结构破坏程度的影响主要表现为:丝质组含量高、壳质组和矿物质含量低的煤分层易于破碎,反之,则不易破碎;丝炭、镜煤、亮煤比暗煤裂隙发育,易于破碎;大的煤层强度较大,不利于构造煤发育;水分多则有利于构造煤的发育等。

受控于沉积环境的煤层顶底板岩石类型以及夹矸,同样影响着煤体结构的发育。煤层顶底岩石的"硬度"对构造煤的形成有一定的作用,往往靠近较"软"的围岩一侧相对靠近较硬的一侧不易发生煤体变形。章云根等研究表明,潘三矿 11^{-2} 煤层顶底板均为软弱泥岩及砂质泥岩,易于与煤层一起发生流变,致使 11^{-2} 煤层破坏成片状或鳞片状构造煤。朱兴珊等对南桐矿区 4 号煤层顶进行研究,其研究结果表明:煤层顶板主要为一套软弱岩层,底板为一套强岩层;煤层受力时,煤层和其顶底板之间结合力较强,不易沿接触面滑动,而沿煤层内部强度较小的分层或层面发育,致使煤层的中分层破坏强烈;煤层底板较顶板强硬,下部应力集中,软分层由中部产生并向下部发展,从而造成全区 4 号煤层中下部普遍发育一层构造煤。王恩营研究了华北板块构造煤构造控制模式,认为:煤层顶底板的"软硬度"是构造煤的控制因素;在煤层与相对软弱围岩相接处,构造煤发育程度较差。

煤层夹矸特征也影响着不同煤体结构煤的分布。例如,石嘴山矿区一矿主采的山西组底部二$_3$煤,厚 $4.29\sim12.94$ m,平均厚 8.56 m;煤层结构复杂,含有 4 层稳定的夹矸;煤体结构破坏程度从顶板到底板由弱到强,可分出三个大的分层:上分层主要由 Ⅰ 类和 Ⅱ 类煤组成,中分层主要由 Ⅱ 和 Ⅲ 类煤组成,下分层主要由 Ⅲ 类和 Ⅳ 类煤组成。

1.5.2 煤体破坏与煤岩力学性质

申卫兵等对我国 4 种变质程度 6 种煤阶力学参数进行了测试,其测试结果具有一定的代表性;其研究表明:杨氏模量一般为 $1\,135\sim4\,602$ MPa,泊松比为 $0.18\sim0.42$(平均为 0.33),抗压强度为 $40\sim60$ MPa,抗张强度为 $0.25\sim1.73$ MPa。与常规砂岩相比,煤岩的弹性模量较低,泊松比较高,脆性大,易破碎,易受压缩。由于煤岩结构的不均质性,原生和次生裂隙系统十分发育和复杂,这导致煤岩物理力学性质具有显著的各向异性特征。煤体破坏变形受控于煤岩的力学性质,从损伤角度可以分为 5 个破坏阶段,即损伤弱化、准线性、损伤开始演化和稳定发展、损伤加速发展、峰后软化。对于煤体破坏严重类型的煤(如糜棱煤),由于难以制样,煤岩力学测试较为困难,通过地球物理测井响应解释可解决这个问题。

Eaton 依据地层压实理论、有效应力理论和力学均衡理论,根据常规测井的电阻率或声波时差的背景值和异常值数据,通过试算法得到地压梯度等参数的预测方程。Nielsen 从胡克定律出发推导了岩石体积压缩系数、剪切模量等弹性参数的计算公式,指出:采用 Gassman 方程可将声学测量的动态弹性模量校正到静态模量;通过双轴压力试验得到动杨氏模量大约为静杨氏模量的 2 倍以及压力对岩石泊松比的影响很小等结论。

Coate 和 Denoo 总结了利用声波时差和体积密度测井值进行岩石的体积模量、杨氏模量、剪切模量和泊松比等弹性参数的计算方法;从应力与应变及受力分析的角度分析了岩石的最大水平主应力、最小水平主应力、径向应力、切向应力、垂向应力;利用摩尔圆的切向和径向应力分析方法探讨了岩石崩落理论,同时分析了实例中一些预测方法失误的原因。

Holt 等通过研究发现:利用测井资料计算的动弹性模量与岩石静弹性模量具有很好的相关性,应用时可以根据相对值反映出岩石强度的连续变化趋势。Edlmann 等通过建立孔隙度与杨氏模量、体积模量、单轴抗压强度、内聚力、摩擦角等力学参数的经验公式,提供了直接通过测井预测弹性系数和非弹性系数的几种可选方法。

孟召平等研究了煤层顶底板岩石成分和结构与其力学性质的关系,得到了岩石力学性质随孔隙度或粒径变化的特征。傅雪海等通过对多相介质煤岩体进行力学试验研究,发现自然煤样的弹性模量、抗压强度、体积压缩系数大于饱和水煤样和气、水饱和煤样的;认为在煤层气开发过程中,随着气、水的排出,煤基质发生收缩,导致煤体强度提高、渗透率改善。随着数字测井在我国煤田地质勘探的推广,利用测井资料可预测顶底板岩石力学性质,评价其稳定性。

1.5.3　煤储层压裂可改造性

水力压裂是提高煤层气开采效益的主要技术手段之一。但是影响水力压裂效果的因素较多,如地应力场、煤储层本身特性、煤层顶底板特性以及压裂施工工艺等。不同煤体结构的可改造性近年来已有学者进行过相关研究。相关研究结果表明:原生结构煤可改性强,依次为碎裂结构煤、碎粒结构煤;糜棱煤不具备可改造性。

煤岩力学性质和煤体破坏的关系研究已有学者大量开展。进行水力压裂时,裂缝总是趋于弱面形成并延伸。压裂所产生的人工垂直裂缝方位,总是平行于最大水平主应力方向,垂直于最小主应力方向。把煤层水力裂缝分为三种状态:以水平裂缝为主的裂缝系统,多发育于浅煤层(垂向应力小于两个水平应力值);以垂直裂缝为主的裂缝系统,多发育于深煤层,比如深度大于800 m的煤层(垂向主应力大于两个水平主应力值);复杂的水力裂缝系统,发育在煤变质程度中等、煤层较厚(一般单层厚度大于 5 m),埋深中等 300～800 m的煤层。根据兰姆方程理论,在岩石中形成水力裂缝的宽度与其弹性模量成反比——弹性模量越小,压开的裂缝宽度越大,这是煤层压裂裂缝较宽的主要原因。由于裂缝宽度的增加,在相同的施工规模条件下,裂缝长度增加将受到限制。因此,与同常规砂岩压裂结果相比,煤岩更易形成短宽裂缝。

当煤层顶底板为碳质泥岩、泥岩和粉砂质泥岩,与煤的力学性质相差不大时,压裂容易把顶底板岩层压穿,裂缝高度难以控制;当顶底板为细-粗粒砂岩或石灰岩时,其与煤层力学性质相差较大,对控制缝高有力。Simonson 和 Hanson 从应力强度因子角度研究了岩性的变化对水力压裂扩展的影响,其研究结果表明:当上层岩层中的弹性模量比下层岩层的弹性模量小得多时,在下层岩层中的裂缝越接近于交界面时越易扩展,最终穿过界面延伸到上一岩层中。当压裂层与上(下)夹层应力相差不大的条件下,杨氏模量的大小也是控制裂缝纵向扩展的一个因素。李安启等所做的裂缝模拟结果表明,当被压裂层小于上、下夹层杨氏模量 5 倍以上,裂缝高度将有可能被限制于压裂层中。

1.5.4 煤体破坏力学机理

煤体破坏的力学机制较为复杂。煤体的变形性质主要有韧性变形、脆性变形、韧-脆性变形、流变等。影响因素主要有变质程度、温度、围压、时间等。主要控制构造煤形成的层域分布要素及其变形性质(脆性变形、韧性变形、脆-韧性变形和流变等),在构造煤成因研究中是一个研究相对比较薄弱的内容。

(1)煤体破坏力学机理及影响因素

对煤体破坏力学机理及影响因素的研究主要有构造地质理论分析和试验模拟研究两个部分。大量试验模拟了不同温度、压力、时间、含气性、水分、孔隙压力下煤体破坏机理和过程。

煤体的含气性在一定程度上增加了煤体的脆性,使煤体更易于破坏。靳钟铭等的研究表明,随着瓦斯压力的增大,宏观有效应力减小,煤体强度降低,塑性软化指数的绝对值增大,弹性模量呈线性衰减。这种变化的微观机理是,瓦斯压力增大,煤样吸附性增强;煤吸附瓦斯后减小了煤的表面张力,使煤的骨架发生膨胀变形,吸附瓦斯也使煤中微裂隙扩张等,减小了煤粒间的结合力,使煤的强度降低;同时瓦斯压力增大,煤体孔隙裂隙中的游离瓦斯也减弱了剪切面上的摩擦力,在一定程度上阻碍了裂隙的闭合,也使煤的强度降低。

梁冰等通过不同围压、不同孔隙瓦斯压力下煤的三轴压缩试验研究,阐述了瓦斯对煤体的力学变形性质及力学响应的影响,其研究结果证明含瓦斯煤的变形、破坏及力学响应同时受到游离和吸附两种状态瓦斯的影响。一方面瓦斯压力作为体积力的力学作用。另一方面瓦斯的吸附和解析对煤体产生的非力学作用。

卢平等在含瓦斯煤的力学变形与破坏机制理论分析和试验基础上,认为:

含瓦斯煤的变形与破坏受双重有效应力作用;本体应力决定煤的本体变形性质,而结构有效应力则决定煤的结构变形性质。赵洪宝等进一步在单轴压缩状态下对含瓦斯煤岩的力学特性进行了试验分析,其研究表明瓦斯的存在增加了煤样的脆性,减小了煤样的强度。

上述研究未考虑不同变质程度煤的破坏力学机理。周建勋等为探讨煤的构造变形机理,选择三种不同煤级的煤样进行高温高压变形试验。金法礼等通过对煤所做的高温高压变形试验发现:在中煤级阶段,温度对煤体变形破坏的影响比围压的大;高煤阶煤在由小应变向大应变转化过程中,温度的控制作用减弱,取而代之由围压控制煤体变形。在压力和温度的同步条件下,刘俊来等对沁水煤田不同地区不同煤级的煤岩样品开展了同步升温和升压的高温高压试验,其试验结果表明:在不同的温度和压力条件下,煤岩的强度有着显著的变化;对煤岩变形的影响,温度的效应要高于压力的效应;试验环境条件下煤岩的脆-韧性转变发育于 200 ℃/200 MPa 和 300 ℃/300 MPa 之间。

影响煤体破坏力学机理因素间的配置控制着煤体变形的性质。Ju 等的研究表明:围压增大、温度升高、水分增大、孔隙压力增大、压剪应力长时间作用,煤的韧性增强,这有利于形成韧性序列的构造煤;反之,有利于形成脆性序列的构造煤。大量试验表明:水对煤的力学性质影响显著,会造成煤岩强度降低和变形量增大。

为了更加真实反映温压下煤体破坏变形的机理,宋志敏在温度 100～150 ℃、围压 100～200 MPa 下物理模拟煤体的变形,并将不同的应变量和应变速率所形成的不同煤体结构组合与自然形成的碎裂煤、碎粒煤、糜棱煤相比较,其研究结果表明:煤变形物理模拟试验煤样应变量在 5%、10%、15% 的变形特征分别与自然形成的煤体结构特征相近;高煤级无烟煤和中煤级肥煤都可以发生脆-韧性变形,且靠破裂面的位置越近时,煤破裂越严重。

（2）煤体流变特征

煤体流变特征研究是煤体破坏研究的一个薄弱环节。流变是在应力驱使下固体物质的一种迁移过程。通过物质的迁移来达到从宏观到微观上的物质重新分配,从而适应新的环境条件。应力施加在固体上,会产生弹性或塑性应变。煤层在塑性应变的情况下,可以看作是一种固体流变,是一个剪切变形过程。当煤层发生缓慢应变时,煤层可以出现类似液体一样的流动,形成流变褶曲。流变可以用流变系数来定量化表述。煤试块的长期强度(即流变试验中的极限强度)与煤试块的单轴抗压强度之比称为煤岩的流变系数。煤的流变系数低于一般岩石材料的流变系数。

煤岩流变不仅仅只由滑脱构造所控制。多期次的构造运动、后期火成岩的侵入，热液岩脉的穿插均可导致煤岩流变。岩煤流变往往是多期次不同构造作用下的结果。每次构造运动都或轻或重地对前已形成的构造进行改造。对煤层不断改造的过程，就是煤层流变的过程。流变构造主要决定因素之一为时间要素。在短期应力作用下，煤层表现为塑性变形和脆性变形，易产生褶皱和破碎。当煤层受到长期应力作用时，在高温高压影响下，煤就具有流变性质，形成流动变形特征。侯泉林等提出：碎裂煤主要源于碎裂作用，糜棱煤应该是低应变速率或较高温压条件下发生固态塑性流变的结果。琚宜文等结合野外地质调查和煤光片观察，判断构造煤是煤层流变（包括韧性流变、脆性流变及韧脆性流变）的产物。

1.5.5　煤体结构与含煤地层构造变形

煤体变形受控于含煤地层的构造变形，一般还与煤层厚度呈正相关关系。不同煤体结构煤变形性质、程度、分布特征受断裂、褶皱、构造演化的影响显著。

（1）煤层厚度对构造煤分布的影响

煤层厚度主要控制构造煤在多煤层中的分布，而不决定构造煤的结构和变形性质。大量研究表明，构造煤发育程度与煤层厚度一般呈正相关关系。南桐矿区构造煤的研究结果表明：构造煤的发育程度与煤层厚度成正比关系。根据韩城北部主要煤层构造煤的研究，厚煤层最有利于构造煤的形成。在考虑煤厚成因的基础上，无论是厚度受煤物质流变影响而变化较大的煤层，还是主要受沉积作用控制而厚度较为稳定的煤层，亦均有如此分布规律。

煤层厚度不仅影响着构造煤发育厚度，且在纵向上影响着煤体的变形程度。煤层厚度越大，煤层破坏越严重。同一煤层厚度的横向变化与煤层破坏的程度亦呈正相关关系。淮北临涣矿区海孜煤矿构造煤的发育情况的研究表明，山西组和下石盒子组的 7、8 煤层构成纵向上厚煤带，煤厚 2.05 m 和 2.34 m；下石盒子组 10 煤层单独构成一个厚煤带，煤厚 2.91 m。7、8 煤层主要为碎粒煤和碎粉煤，其次为碎裂煤；而 10 煤层主要为碎裂煤，局部为碎粒煤、碎粉煤或鳞片煤。不同结构的煤层在不同厚度煤层中往往呈现出一定的规律。在一些的典型矿区，各煤层由上至下表现为原生结构煤～构造煤～原生结构煤的特点，甚至在单一煤层剖面上也有类似的特点。

（2）构造应力对构造煤的影响

作为构造应力场研究形变的最重要标志物——断层，反映着构造应力场的时空演化。构造应力是控制区域构造发育和演化的重要因素之一。不同的构造应力场作用将产生不同性质的构造及其组合,并对煤层起到强烈的改造作用,这会使煤层的赋存状态和煤体结构均发生一定的变化,并可形成具有不同变形机制和变形特点的构造煤。

区域构造演化对不同期次构造变形进行着强化和改造,同样控制着煤体的变形机制。关于黔西发耳矿区构造演化及煤层变形响应研究表明,燕山中期强烈的 NWW～SEE 向构造挤压,造成大部分区域近 NE 向的褶皱和逆断层的形成以及边界断裂两侧 NW 向构造的发育;燕山晚期 NNE～SSW 向挤压及右旋剪切作用对早期构造有所强化和改造,NW～SE 向的伸展作用则造成 NE 向正断层的普遍发育;煤层构造变形形成了碎裂煤、碎斑煤和揉皱煤;煤层变形特征分别表现为多组节理和碎斑结构以及韧性揉皱的发育;早期煤层割理经燕山中期构造改造形成普遍发育的垂直于层面的节理;燕山晚期顺层滑动节理的发育和对前期构造的差异改造造成构造煤变形特征的差异。

（3）褶皱对构造煤的影响

褶皱常在区域上控制构造煤的分布。尤其是大型褶皱引起的层间滑动构造(断层面与煤层面夹角较小)对构造煤的分布影响更为明显。

关于顺煤层断层的基本特征及其对区域层状构造煤的控制作用的研究表明,顺煤层断层在煤田中分布广泛,顺煤层断层的层间滑动造成构造煤成层分布,断层选层发育控制构造煤选层分布的特点;下花园井田,主要构造为玉带山向斜,构造煤主要形成在向斜的翼部。关于石嘴山矿区一矿的煤体结构的研究表明,该矿处于石嘴山向斜的东南翼;在褶皱的两翼,因为层间剪切滑动较大,煤体遭受挤压和揉皱较强烈,所以易于形成糜棱煤和碎粒煤;在北西向褶皱的轴部,因为层间剪切滑动较小,煤体遭受挤压和揉皱较轻微,仅使煤体拉裂,所以易于形成破碎程度较轻的碎裂煤;这种现象在背斜轴部表现得很清楚。韩城矿区构造煤的分布也主要受褶皱控制。

关于淮南矿区构造煤特征的研究表明,在褶皱转折端或断层交汇地带,构造煤一般呈疏松土状,捻搓时呈碎粒状或细粉状,构造煤强度极低;从井下煤壁上看,构造煤光泽暗淡,有呈细小碎粒的猪肝状,也有呈松散的土状,不能成块,极易坍塌垮落,有时可见构造煤受多组相互交切的揉皱镜面包围而呈块体状。

（4）断裂对构造煤的影响

穿层断层通常控制构造煤的局部分布,逆冲推覆和滑动构造控制着构造煤的区域分布。基于安德森理论,断层形成前后应力是变化的。例如,当正断层活动时,垂直于断层迹线方向上的应力是不断增大的;逆冲断层则相反。凹形圆弧断层逆冲活动时,在断层上盘附近存在一个范围较大的垂直应力升高区。铲式断层是先存断层在变形演化过程中发生旋转变形的结果。断层上盘、下盘应力的差异性,影响着煤体结构的发育和分布。

大量研究表明,正断层上下两盘应力分布及应变状态是不同的。上盘煤岩层破坏较下盘的严重,上盘破碎带也显著变宽,这种差异以走向正断层最明显。关于淮南矿区构造煤的研究表明,正断层上盘构造煤普遍发育,下盘的不明显。关于邢台矿区显德旺矿 1 号煤层构造煤的研究表明,本区煤层中小断层以"顶断底不断"为特征,构造煤带主要位于断层上盘。

距断层距离、断层密度、断层规模都控制着构造煤的发育程度和分布。王定武对鄂尔多斯盆地、沁水盆地构造煤发育的研究表明:本区构造以正断层为主,在区域上煤层主要表现为原生结构煤;构造煤主要发育在盆缘局部构造变形强度较大的区域,在断层附近几乎都有构造煤发育;在构造煤发育的附近往往存在断层;断层越密集,构造煤越发育;断层规模越大,构造煤发育带越宽。

逆断层的上盘、下盘构造煤的分布与正断层存在类似的规律。关于淮南矿区、淮北矿区构造煤分布的研究表明,构造煤主要形成在逆冲断层的上盘,在下盘发育较弱。王生全等的研究表明,逆冲断层对构造煤分布的控制也见于华北板块西缘及其内部局部构造区,如鄂尔多斯西缘断褶带逆冲断层比较发育,褶皱宽缓,逆冲断层上盘构造变形明显,构造煤分布范围和煤类级别均较下盘大。叶青关于唐山开滦矿区马家沟矿 F2 逆冲断层的研究表明,在断层上盘,由于构造煤发育,发生瓦斯动力现象多达 33 次,而在下盘只有 17 次,几乎只有在上盘的一半。与正断层相比,逆断层的不同点是:① 逆冲断层的影响带较大,正断层的影响带相对较窄,但层滑正断层两盘的影响要宽得多。正、逆断层上下盘的应力状态不同,构造煤的分布呈现一定的规律性。王恩营的研究表明,正、逆断层构造煤在上盘的发育均优于在下盘的发育。

1.6 煤(岩)体结构与地球物理测井响应

煤田勘探前期主要进行了一些常规传统的测井,如自然电位测井、自然伽马测井、伽马-伽马测井、电阻率测井等。利用现有的测井曲线来识别煤体结构,从原理和影响因素出发,探讨煤体结构与地球物理测井响应是必要的。

1.6.1　自然电位测井

自然电动势主要有扩散电动势、吸附电动势、动电电动势和氧化还原电动势。对于煤田测井来说,自然电位测井方法简单,容易实现且效果良好,能提供大量的地层岩石信息,是十分重要的测井方法之一。煤层的自然电位是由氧化还原电动势造成的,其余电动势主要产生于沉积岩中。对于煤层来说,当煤层处于氧化环境中,假定顶底围岩性质相同,这时在顶底界面由于矿层被氧化而失去电子带正电,围岩由于获得电子而带负电,产生电位跃,这种电位称为电极电位。在煤层和泥浆的界面处,由于泥浆中几乎不含矿层的金属离子,故矿层很快将金属离子溶解于泥浆中使其本身带负电,产生电位跃。这时泥浆界面上的电位跃和顶底界面上的电位跃,通过矿层、围岩、泥浆连接导通形成自然极化电流场。这个电流场在泥浆部分的电位降就是井内自然电位差(相对于地面电极)。这种情况观测到自然电位正异常。当煤处于还原环境中,煤层获得电子而带负电,围岩带正电,这种情况观测到自然电位负异常。

基于煤层自然电位的氧化还原电动势特殊性,在煤田自然电位测井领域主要运用较多的领域为含煤地层岩性识别、识别含水层、水力压裂裂缝扩展、岩石注水-注浆等领域。自然电位识别煤体结构的相关研究较少。要认识自然电位与煤体结构的响应的关系,需从影响自然电位的因素出发。影响自然电位的主要因素有煤中有机物质、煤层中硫化物(特别是硫铁矿)、泥质含量、地层电阻率、煤岩工业组分含量等因素。

薛念周等研究了淮南潘集某矿 3 号煤层的电阻率和自然电位曲线,其研究结果表明:自然电位曲线在煤层处呈突出的正值异常与电阻率曲线的低阻部位呈极好的对应性。

吉双文在研究砂泥岩交互地区电位测井和电阻率测井时,发现:高电阻率地层对自然电流分布影响很大,由泥岩流向渗透性地层的自然电流大部分被限制在对应于非渗透性、高电阻率地层的井眼中,使其自然电流强度保持不变;自然电流在井眼中的电位降为常数,自然电位曲线是一条倾斜的直线。在这类地层中,自然电流只能从渗透层或泥岩层进入或离开井眼,使自然电位曲线上有不同斜率的直线段。直线段斜率变化处相应为渗透层或泥岩层段。

在煤层自然电位测井中还考虑煤的工业组分对测井曲线的影响。自然电位异常幅度与水分、固定碳的相关性不强,与挥发分呈正相关关系。这与煤中含有硫化物矿物成分,且其含量的增大在改善煤岩的渗透性作用均有关系;与挥发分相关,表明煤岩的自然电位异常幅度通常还与反映煤变质程度的煤阶有关。随着煤化作用的深入,挥发分降低、煤阶提高时,有机质发生氧化作用而使硫化物含量减少,煤中主要的氧化还原电位降低。

虽然对煤层自然电位的研究较少,但通过自然电位的等效电路可知,不同煤体存在电阻率差异,在井内电动势幅度也势必不同。但对于其他因素还需进一步研究,尤其是煤中矿物质含量、种类的影响。

1.6.2 自然伽马测井

基于伽马测井原理的构造煤响应特征,储层物性影响因素主要有煤储层的孔隙度、放射性物质含量、密度、灰分产率等。

为了计算每克岩石每秒由各种元素的放射性同位素发射的伽马光子总数(即岩石的自然伽马放射性系数 A),可以采用下述近似公式统计实测的煤样 U、Th、K 的含量计算地层总计数率系数。

$$B = A_U W_U + A_{Th} W_{Th} + A_K W_K \tag{1-1}$$

式中,A_U、A_{Th} 和 A_K 分别为 U、Th、K 三种元素每克物质每秒放出的伽马光子数,即它们的自然伽马放射性系数(也称为比放射性);W_U、W_{Th} 和 W_K 分别为三种元素的质量百分含量。这里忽略了其他放射性核素的贡献。地层中总源强密度和地层总计数率之间的关系为:

$$A = \rho B \tag{1-2}$$

将式(1-1)带入式(1-2)得自然伽马曲线幅度为:

$$\varphi_\gamma = \frac{B\rho}{2} r_0 \int_{-\frac{1}{2}h'}^{\frac{1}{2}h'} E_i \left[-\mu r_0 \sqrt{1 + (z')^2} \right] dz' \tag{1-3}$$

从式(1-3)可以看出,A_U、A_{Th} 和 A_K 三种元素百分比减小,密度减小,伽马测井计数率的值和最大幅值都将减小。在测井曲线上构造煤的幅度低异常更为明显。陈跃等研究了韩城矿区煤体结构与测井的响应,其研究结果表明:煤体结构破坏程度越高,空隙和裂隙越发育,单位体积内放射性物质含量越低,自然伽马出现低异常。

影响煤层自然伽马的因素还有矿物含量等因素。自然伽马与水分、挥发分的相关性不强。煤岩的重要组成(即黏土矿物部分)因其比表面积大而具有较强的吸附性,在煤岩成岩过程中,来自岩浆岩的放射性元素矿物随着泥质颗粒一起沉积并吸附于其表面,因此黏土矿物含量越大,吸附的放射性元素矿物越多,自然伽马越高;反之,自然伽马越小。

1.6.3 伽马-伽马测井

伽马-伽马测井的原理为:散射 γ 射线强度与岩层密度之间存在着负指数

的函数关系。影响测井的煤层因素主要有密度、煤岩工业组分等。

影响密度测井值的因素还有煤层孔隙度。煤岩孔隙度与视密度呈线性反比关系,即视密度越大,孔隙度越小;在视密度数据与测井取得的密度数值之间也存在较好的正相关关系。

1.6.4　视电阻率测井

煤的导电性主要由离子导电和电子导电构成。煤作为一种高阻体,主要存在离子导电。然而在受力条件下,煤体所含晶体杂质、晶格错位与宏观缺陷等作用越剧烈,离子导电越明显,甚至占据主导地位。

影响煤层视电阻率差异的因素较多,包括变质作用、孔隙度、渗透率、含水性、矿物含量、裂隙和密度等。由于测井的特殊性,室内试验测试煤岩电阻率是一种常规的方法。在考虑变质程度、水分、温度等影响下,徐宏武等采用并联谐振法对分布于全国 8 种不同变质程度 325 个有代表性的煤样进行了电性参数的测定,其测定结果表明:随着煤的变质程度增高,电阻率减小;随着水分增加,煤的电阻率普遍下降;煤的电阻率随温度的增加而增加;同一煤层垂直极化方向比水平极化方向电阻率高。王云刚对不同变质程度煤样的电性参数及其影响因素的关系进行了回归分析,发现:水分和视密度是影响电阻率变化的主要因素。

不同结构煤的视电阻率响应有所不同。陈健杰的研究表明,不同变质程度构造煤的视电阻率小于原生结构煤的视电阻率。文光才的研究表明,煤的电阻率随所承受应力呈指数或线性关系;煤的电阻率与吸附瓦斯压力、瓦斯含量呈指数或线性关系;煤的电阻率随煤破坏程度的增高而降低。吕绍林等的研究表明:对于无烟煤来说,瓦斯突出煤体的视电阻率较高,是非突出煤体的 10 倍以上;而对于烟煤来说则相反,非突出煤体的电阻率是突出煤体的 10 倍以上;突出煤体的电阻率随温度的升高而下降,非突出煤体的电阻率随温度升高而表现出不同特征;煤样的电阻率随着浸水时间的增长而降低,但不同煤样电阻率降低的速率不同,且突出煤体煤样的干湿样品电阻率差别很大。

上述研究针对不同煤体结构或不同变形煤体测试的视电阻率呈现相反的结果,其煤体破坏变形程度与电阻率变化并非线性规律。王云刚等的试验研究表明,具有冲击倾向性的煤样电阻率随压力增加逐渐减少,当达到破裂应力值的一半左右时,电阻率达到最小值;继续加载,电阻率将升高,直到出现第一次主破裂;煤样出现主破裂后再继续加载的情况下,电阻率会继续升高,甚至会趋于无限大,直到完全失稳。

　　鉴于上述分析,不同煤体结构煤的视电阻率变化,是否会由原生结构煤~糜棱结构煤呈现先在某一煤体结构煤处降低然后又升高的趋势,需进一步研究。

1.6.5　综合地球物理测井

　　单一测井曲线识别煤体结构往往有一定的局限性。利用多条测井曲线识别煤体结构在一定程度上能克服单一测井曲线的干扰因素,提高识别煤体结构的准确性。

　　构造煤的自然电位、导电性、密度、放射性和声波时差等地球物理特征在测井曲线上都有一定的反映。通常随煤体遭受构造破坏程度的增加,其(视)电阻率、密度(伽马-伽马曲线)、自然伽马降低,岩层的声波时差增大。当然,上述特征还受到煤厚、煤级、煤中矿物质、井径等因素的影响。煤体遭受破坏程度与电阻率的响应依然不能统一。傅雪海等的研究表明,随煤体遭受构造破坏程度的增加,其(视)电阻率、声波时差增大;孔隙、裂隙发育,密度降低,伽马-伽马曲线反映明显;单位体积内放射性物质含量减少,自然伽马曲线表现为低异常。随着煤体的破坏,煤体视电阻率增大。

　　针对上述测井曲线的定性表述,不同煤体结构煤测井曲线有着独特的形态特征。淮南、淮北、永城、邢台等矿业集团煤田勘探试验结果表明:这些煤田的煤层在物理性质上表现为导电性差、密度小、性脆的特点,其测井曲线表现为高视电阻率、高人工放射性伽马、低自然伽马。根据钻井揭露与测井曲线对比发现,随着煤的破坏程度增高,煤的孔隙度增加,煤的强度降低,从而煤的视电阻率降低,煤的密度减小,孔径增大。相对于原生结构煤来说,随着煤体破坏程度的加深,测井曲线的形态变化更加明显(表1-3)。

表 1-3　不同煤体结构类型的测井曲线形态特征

煤体结构类型	原生结构煤(Ⅰ)	碎裂煤(Ⅱ)	构造煤(Ⅲ)
视电阻率	高幅值、界面陡直、峰顶圆滑	幅值比Ⅰ类略有降低;多呈微台阶状或微波浪状	幅值明显降低。上、下界面台阶状、凸形或箱形
人工放射伽马	高幅值、峰顶一般近似呈水平锯齿状	幅值比Ⅰ类略有增大	大多数幅值明显增大
自然伽马	低幅值,峰顶呈近似缓波浪状	幅值变化不明显	幅值变化不明显
声波时差	高幅值、峰顶一般呈缓波浪状	幅值比Ⅰ类略有增大	幅值明显增大,峰顶多呈参差齿状或大的波浪起伏状

上述研究均未考虑扩径的影响。陈跃等研究不同煤体扩径程度及对电阻率的影响,其研究结果表明:Ⅰ类构造煤扩径轻微,电阻率偏高;Ⅱ类构造煤(块粉煤)扩径严重且差异性扩径明显,电阻率偏低;Ⅲ类煤(粉煤)扩径严重且部分出现轻微差异性扩径现象,电阻率偏低。

煤体结构与测井响应还需对不同煤体电阻率的变化进行更加深入的研究。将实验室测试的煤体结构电性、物性特征如何跟实际测井曲线对接有待进一步研究。

1.7　煤体结构识别与预测模型研究

基于测井曲线的煤体结构预测主要依据煤体结构物性差异而引起的电性、放射性、声波时差等差异。这些差异反映在测井曲线形态和幅度上。测井曲线预测煤体结构大致有依据曲线起伏状态的定性判识,基于电阻率理论的模拟构造煤纵向分布的理论曲线预测,基于统计学的计算机识别,基于孔隙度指数和煤体结构指数的定量化判识,基于小波变换的计算机识别等。

1.7.1　煤体结构定性识别模型方法

早期的煤体结构测井模型主要为视电阻率理论曲线模型。黄作华等对上、下两层介质电阻率相等、中间介质为高阻层的水平三层介质模型进行研究,给出了水平三层介质理想视电阻率测井电位电极系、梯度电极系测井的理论解析式,并对理论曲线进行了特征分析。然而,其理论曲线未考虑煤层的非均质性,实际运用有一定局限性。陈健杰等测试了原生结构煤和构造煤的视电阻率,发现构造煤的视电阻率小于原生结构煤的,并给出了不同结构煤体的视电阻率区间,可作为识别煤体结构的一个参考依据。

结合钻孔岩芯资料或井下煤壁观测,利用测井曲线识别煤体结构,能够提高识别煤体结构的可行性。龙王寅等系统分析了煤层测井曲线,结合矿井煤体结构的观测,并与邻近钻孔测井曲线相对比,给出了划分两淮矿区煤体结构的方法。原生结构煤和碎裂煤的渗透率较其他结构煤的渗透率要高,可改造性强。考虑煤体结构对煤层气开发的影响,傅雪海等基于测井曲线,选择1∶50的精测曲线,对煤层按1 m或0.5 m间隔采集一组测井响应值,利用聚类分析方法将两淮煤田各矿井煤体结构划分为原生结构煤和碎裂煤、碎斑煤、糜棱煤3种类型,并根据煤层气试井资料建立了煤储层渗透率与Ⅱ、Ⅲ类构造煤厚度百分比之间的数学模型。

上述模型均未考虑构造煤扩径的影响。乔伟等研究煤体结构组合与井径变化的关系,认为煤体破碎程度越高,井径扩径越严重。在钻井扩径的影响下,各煤体结构具有不同的测井曲线组合特征:Ⅰ类煤电阻率幅值偏高,扩径不明显;Ⅱ类煤电阻率幅值偏低,扩径严重且出现差异扩径;Ⅲ类煤电阻率为低值,扩径严重,部分存在轻微差异扩径。利用以上各煤体结构测井响应特征的差别可以有效识别各煤体结构且能够较准确划分 0.5 m 以上的不同煤体结构分层。

1.7.2　煤体结构定量识别模型与方法

煤体结构定量识别建立在不同煤体的物性差异及其测井曲线的不连续变化。孙四清认为,测井曲线拐点可作为构造煤分界点参考位置的定量判识。姚军朋等认为,通过 Archie 公式求取构造煤孔隙结构指数是可行的,并将该方法在两个煤田进行实际应用。谢学恒等发现,沁南地区 3 号与 15 号煤层中碎粒煤与糜棱煤的测井响应表现为补偿密度小、补偿声波大、井径大的特征,与原生结构煤存在明显差异;建立了测井响应对煤体结构的定量判识表,提出了利用煤体结构指数作为煤体结构定量判识指标,阐明了煤体结构指数的求取方法以及定量判识的可行性,建立了一种基于测井响应的煤体结构定量判识方法。

定量化识别煤体结构模型还不够完善,尤其是应用于致密砂岩气领域的敏感参数组合法识别气层的方法给煤体结构的预测提供了很好的思路借鉴。

计算机自动识别煤体结构技术得到发展和应用。汤友谊等应用斜率方差分层、概率统计计算的方法,实现煤层段的测井曲线对构造软煤分层的计算机自动识别。王江峰等把小波变换的"分频加权重构"理论引用到实践中,经过高分辨率处理后,提高了测井曲线的纵向分辨率,使其在构造煤薄层处的测井曲线值更接近地层真值,且界面更加清晰。张子戌等提出了针对基于小波变换的测井曲线自动判识构造煤厚度的方法,克服了测井曲线拟合方法不能满足对测井曲线求导的需要,对判识构造煤厚度有良好的效果,并编制了"基于小波变换的构造煤自动判识软件",实现了钻孔测井曲线中构造煤的自动判识和厚度计算。

近年来,在致密砂岩气层评价、页岩气层评价中的一些测井识别气层的方法得以长足发展,如交会图法、曲线重叠法、孔隙度曲线组合法、电阻率孔隙度曲线交会图法、敏感参数组合法等。因为煤层也同属于极低渗透储层,所以这些方法对识别煤体结构有一定的启示和借鉴意义。

孙越依据岩芯阵列声波试验分析得出的四种气层敏感参数,利用体积模量和泊松比、纵波时差和纵横波速度比曲线重叠及交会图,识别了鄂尔多斯盆地煤系地层致密砂岩气层,发现:在气层处体积模量和泊松比、纵波时差和纵横波速度比曲线重叠后包络面积较大。郭涛等将补偿中子与井径交会图和补偿中子与声波时差交会图运用到延川南煤层气田煤体结构的识别。

1.7.3　煤储层渗透率综合预测

影响煤层渗透率的因素较为复杂。秦勇的相关研究表明,构造动力通过煤储层改造程度对煤储层渗透性发育特点的控制,不仅体现于镜质组光性指示面形态及其空间展布特征,也使得中等程度的构造主曲率可能提供最有利于煤层气渗流的构造条件,导致现代构造应力场高主应力差有利于煤层渗透率的增大。构造煤发育的煤储层厚度与试井渗透率之间具有负相关趋势。原生结构保存完好的煤储层厚度与试井渗透率之间关系以渗透率 0.5 mD 为界,表现出截然相反的两种相关趋势。我国部分地区煤储层含气量具有随煤厚度增大而增高的规律。

现有的煤层高渗区预测方法有地质方法、煤岩学方法、直接测试推算法和实验室方法。构造曲率法认为,构造最大曲率带即是高渗透区,但构造曲率过大,往往是煤体严重破碎的构造煤发育区,渗透率极差,因而该法需要改进完善。卫星遥感观测技术、回归统计预测法、古构造应力预测法等渗透率预测技术,大多是前述方法的结合。

李志强等通过 Kaiser 声发射原岩应力测试试验、不同温度不同围压条件下煤体甲烷渗流试验、孔隙率测定试验、比表面积测定试验、煤体压缩及热膨胀试验,研究了应力、温度影响下的煤体甲烷渗透规律。其研究结果表明,煤体甲烷渗透率随温度变化并非单调递增或单调递减;甲烷渗透率与温度的关系,取决于外围有效应力条件或围压条件,即高有效应力时,煤体具有内膨胀效应,渗透率随温度升高而降低;低有效应力时,煤体外膨胀,渗透率随温度升高而升高。

煤层渗透性影响的煤体结构因素不仅有煤体自身变形破坏程度,还有不同煤体结构煤所占比例及分布特征。郭红玉建立了煤储层渗透率与煤体结构参数的关系模型,预测了不同煤体的渗透率。吕闯生针对突出煤层煤体结构差异,通过物理模拟建立了无烟煤渗透率与煤体结构、煤的坚固性系数之间的综合数值模型。

　　Fu 利用聚类分析方法,将两淮煤田各矿井煤体结构划分为原生结构～碎裂煤(Ⅰ类)、碎斑煤(Ⅱ类)和糜棱煤(Ⅲ类)3 种类型;根据煤层气试井资料,建立煤储层渗透率与Ⅱ、Ⅲ类构造煤厚度百分比之间的数学模型,并依据Ⅱ、Ⅲ类构造煤的发育程度,将煤储层渗透率划分为高、中、低渗 3 个级别。梁亚林等利用数字测井资料,结合煤层试井资料,建立回归模型,进而运用到勘探区,解释煤层渗透率及储层压力。

　　构造曲率法在高渗区预测渗透率存在一定的争议性。赵争光运用三维地震沿层最大主曲率属性对构造裂缝进行了预测;通过分析裂缝间距、构造最大主曲率值、岩层厚度及渗透率之间的相关关系,建立了基于最大主曲率的煤储层渗透率计算模型。申建通过研究河南平顶山八矿瓦斯地质背景,采用曲度方法定量计算了煤层底板等高线构造曲率;其研究结果表明,构造曲率与瓦斯相对涌出量、突出瓦斯量、突出煤量呈负相关关系。

　　国外学者同样得出一些岩层渗透率与视电阻率关系经验式。这些经验式被成功应用于含水层渗透率预测评价。

　　总结上述分析,尚存如下问题有待解决。

　　① 构造煤成因。煤层变形破坏地质历史(构造煤形成期)与构造应力场条件对形成构造煤的控制。基于煤岩力学性质的温度、压力、含气性、水分等影响因素下的煤体变形力学机制等是构造煤成因研究中一个相对较薄弱的方面。

　　② 煤体结构的地球物理测井响应。不同结构煤的煤工业组分、矿物质含量、裂隙、破裂程度、变质程度、孔隙度、密度等与其电性、放射性的响应势必有差异,如何表征其差异性? 就需筛分出煤体结构测井响应的敏感性和关键参数,包括测井响应的敏感性与最佳表征参数(组合)。

　　③ 从构造煤成因与控制机理出发,有待认识煤体结构区域和层域分异特征;如何针对其分异性,建立以煤体结构分析为核心的预测模型?

　　④ 煤体结构区域和层域分异及其对煤层渗透率的控制和煤层可改性的影响有待进一步研究,如何基于煤体结构分析评价煤层气有利建产区?

第 2 章　地 质 概 况

煤层气有利建产区宏观地质要素包括含煤地层沉积、构造、煤层宏观形态与煤岩特征、水文地质等。煤层气优质储层取决于地质要素如何配置。本章从区块构造特征、煤岩类型、煤储层几何形态空间展布、储层压力梯度、煤层气赋存特征等方面,对煤体结构的控制和煤层气有利建产区的宏观要素进行分析,为研究煤体结构和煤层有利建产区提供物质基础。

2.1　含煤地层及其沉积特征

古交区块位于西山煤田西北部。西山煤田主要出露地层寒武系、奥陶系、中～上石炭统、二叠系、三叠系、新近系以及第四系,其缺失有志留系、泥盆系、下石炭统、侏罗系和白垩系及古近系(表 2-1)。西山煤田的北部、西部主要出露前寒武系、上古生界寒武系、奥陶系。奥陶系上马家沟组和峰峰组主要出露于西铭矿和官地矿以东。本溪组、太原组和山西组等含煤地层主要出露于煤田中北部和东部。煤田内部广泛出露二叠系下石盒子组、上石盒子组及石千峰组。煤田南部出露三叠系下新统刘家沟组、和尚沟组以及中统二马营组。新近系、第四系与下伏老基岩呈现不整合接触关系。

表 2-1　西山煤田地层简表

界	系	统	组	段	代号	厚度/m	备注
新生界	第四系	全新统			Q_4	0～43.76	主要分布于丘陵、梁、垣、沟谷两侧及河床等,厚度因基岩面地势而异
		上更新统	马兰组		Q_3m	0～46.00	
		中更新统	离石组		Q_2l	0～66.00	
	新近系	上新统	保德组		N_2b	0～72.00	

表 2-1（续）

界	系	统	组	段	代号	厚度/m	备注
中生界	三叠系	中统	二马营组		T_2er	>325	主要分布于煤田南部水峪贯—泉泉寺向斜、马兰向斜南部之轴部及其两翼
		下统	和尚沟组		T_1h	120～155	
			刘家沟组		T_1l	432～500	
上古生界	二叠系	上统	石千峰组		P_2sh	102.50～165.70	石千峰山最厚，煤田西部水峪贯—泉泉寺向斜西翼最薄
			上石盒子组	上段	P_2s^2	200～220	广泛分布于马兰、水峪贯—泉泉寺大型复式向斜轴部及其两翼
				下段	P_2s^1	105.00～296.50	
		中统	下石盒子组	上段	P_1x^2	26.00～66.90	西部边缘地带偏薄
				下段	P_1x^1	20～84	煤田东、北部变化较大
		下统	山西组		P_1s	20.89～85	煤田北部偏薄，东南部偏厚
	石炭系	上统	太原组		C_3t	58.26～136.05	主要分布在中部古交以东至前山玉门沟一带，西部狐偃山及东部风峪沟一带也有出露
		中统	本溪组		C_2b	8.5～55	
下古生界	奥陶系	中统	峰峰组	二段	O_2f^2	16～70	沿煤田边缘分布，四周皆有出露，南部仅出露于云梦山穹窿边山
				一段	O_2f^1	57～92	
			上马家沟组	三段	O_2s^3	53～85	
				二段	O_2s^2	99～170	
				一段	O_2s^1	47～85	
			下马家沟组	三段	O_2x^3	32～68	
				二段	O_2x^2	36.5～74.9	
				一段	O_2x^1	53～69	
		下统	亮甲山组		O_1l	27.3～131.68	分布于煤田外围西、北部和东北部
			冶里组		O_1y	>102	

2.1.1 含煤地层

本区含煤地层为石炭二叠纪本溪组、太原组、山西组和下石盒子组。其中,太原组和山西组是区内的主要含煤地层。

(1) 上石炭统本溪组(C_2b)

本溪组厚度一般 2 m 左右,自下而上主要分布有透镜状(鸡窝状)山西式铁矿和铝土岩、砂岩、砂质泥岩、泥岩、石灰岩(半沟灰岩)及煤线。其底部有 2 m 左右山西式鸡窝状铁矿,其深部富含黄铁矿的泥岩在地表及浅部风化为褐铁矿。其上有厚度在 3.5 m 左右的铝土质泥岩,含砂及铁质较多,质不纯,呈团块状。其中上部为灰黑色泥岩、砂质泥岩及铁质砂岩,夹 2~3 层厚度不稳定的石灰岩(半沟灰岩)及 1~3 层煤线或碳质泥岩,属海陆交互相沉积。

(2) 上石炭统太原组(C_2t)

太原组连续沉积于本溪组之上,厚 86.70~128.64 m,一般厚 110 m 左右,太原组主要岩性有灰色中~粗粒砂岩、深灰色石灰岩、深灰~灰黑色泥岩以及 7~8 层煤层。太原组是本区主要含煤地层之一。依据标志层,从底部到顶部分为东大窑、毛儿沟、晋祠三个岩性段。煤层自上而下为 6、$6_下$、$8_上$、8、9、10 及 11。其中,6、7、$8_上$、8 及 9 为可采煤层,其余不可采。

① 晋祠段,位于太原组下部,厚 15.38~44.79 m。底部标志层(晋祠砂岩)为白色中粗粒石英砂岩,上部为 10 煤层顶板。本段沉积为下粗上细的正序列,中间夹一层泥灰岩(吴家峪石灰岩)。9、10 煤层均不可采。

② 毛儿沟段,位于晋祠段上部,厚 27.60~40.20 m,平均厚 34.95 m。该段发育良好标志层为毛儿沟灰岩和庙沟灰岩。该段含 8、9、10 煤层。其中 8、9 煤层全区可采,其余煤层局部开采。8、9 煤层中间发育有约 12 m 厚砂岩。

③ 东大窑段,位于太原组的顶部,厚 26.60~51.10 m,平均厚 45.10 m。该段主要包括煤层、斜道灰岩、东大窑灰岩等标志层。6、7 煤层为不稳定薄煤层。本段顶部为含化石黑色泥岩。

(3) 下二叠统山西组(P_1s)

山西组,厚 29.60~60.50 m,平均厚 45.88 m。自下而上分为北岔沟段和下石村段。山西组是古交区块主要含煤地层之一;主要有北岔沟砂岩,1、2、3、4、5 煤层。山西组由灰黑色砂质泥岩、泥岩和煤线构成。其中尤以 2 煤层稳定,厚 0.84~2.55 m,平均厚 1.55 m。山西组产大量陆相植物化石。

(4) 中二叠统下石盒子组(P_2x)

本组连续沉积在山西组之上,分为上、下两段。下段(P_2x^1):夹有 1~2 层部分可采薄煤层,岩性与山西组相近,从底部到顶部主要有灰白色、灰色中粒厚层状砂岩(骆驼脖子砂岩)和深灰色泥岩、砂质泥岩,此段厚度为 40 m 左右。上段(P_2x^2):与下段分界为一层黄绿色粗中粒厚层状砂岩,底部主要有黄绿色、灰绿色砂质泥岩或粉砂岩,顶部鲕状或豆状结构的黏土泥岩(确定上、下石盒子组分界砂岩的良好辅助标志),此段厚 45 m 左右。

2.1.2 沉积环境

奥陶纪地壳下降,并遭受大规模海侵,形成碳酸盐岩沉积。地壳下降速度降缓,直至停止。地壳逐渐上升遭受风化剥蚀至石炭纪早期。这造成了本区志留纪、泥盆纪。太原组在奥陶纪凹凸不平的风化面上,受来自东南方向海水侵入的影响,铁铝物质得以聚集,其上堆积来自西北方向的碎屑物,形成障壁岛砂体;障壁岛之后,形成以泥坪、砂坪及泥沙混合坪为主的碎屑岩沉积。海水的多次侵入,在广阔平坦的滨海平原上了育森林沼泽。本区的 6、7、8、9 号可采煤层就如此形成。山西组在一套进积型三角洲相、河床相沉积的基础上,形成广阔平坦的平原环境。潮湿的气候和持续稳定的泥炭沼泽形成了 2、4 号煤层。三角洲向前推进,形成以河流为主体的沉积环境。1 号煤层极不稳定。

依据古交区块岩性标志、微量元素标志将本区含煤地层划分为 6 个三级层序。太原组、山西组均分为 3 个三级层序,分别对应晋祠段、毛儿沟段、东大窑段三个旋回。北叉沟砂岩和骆驼脖子砂岩为顶底界。4 号煤顶板、铁磨沟砂岩位于 1 号煤顶和 3 号煤底之间。

9 号煤层在以晋祠砂岩等为基底的三角洲前缘沉积为主的基础上形成。西北部向东南部推进的分流河道形成了厚度较大的砂岩体,在废弃分流河道上形成 8 号可采煤层。8 号与 9 号煤层在煤田北部和南部趋于合并,煤层夹矸发育。庙沟灰岩平行不整合覆盖于 8 号煤之上。毛儿沟灰岩在煤田东部沉积较大,在西部局部地区变薄或尖灭,此段属于 SQ1~SQ2 层序。7 号煤层形成于三角洲前缘席状砂、三角洲河口砂坝、分流河道和分流间湾的基础上发育的泥炭沼泽。随着沉积环境分异加剧,6 号煤层形成于分流河道两侧的泛滥盆地,其顶部为东大窑灰岩。5 号煤层形成于滨岸砂坝及坝后环境。3 号煤层与 4 号煤层在煤田北部形成与三角洲分流河道两侧的泛滥盆地或岸后沼泽环境,向南逐渐过渡为泻湖海湾、河口砂坝、分流间湾的共生环境。随后,该地区又经历了一次海侵作用,形成了泻湖相的灰岩和泥岩以及 1 号煤层和 2 号煤层。

2.2　地 质 构 造

2.2.1　煤田构造

西山煤田位于中朝准地台山西断隆中部,东南临接太原盆地及沁水拗陷,北部紧邻盂县—阳曲东西褶断带,东部由北向南分别以西铭断层、晋祠断层和清交断层为界,西为吕梁隆起,与北部的云岗—平鲁、宁武及西南的霍西拗陷呈雁行排列。重要的区域构造有:横贯山西北、中、南部近于等距离的东西向构造;贯穿山西省的南北向构造;斜贯北东-南西的北东东-北东向构造以及其他组合构造。这些构造多形成于燕山构造期。燕山期以前的构造形迹或被改造或被继承下来,而这些部位的构造就比其他地方构造复杂。

2.2.2　区块构造

古交区块位于西山煤田西北部,涵盖东曲、西曲、屯兰、马兰等井田。古交区块主要发育贯穿南北、波状起伏的马兰向斜和在东翼发育的一系列短轴向(背)斜和 NE、NEE 向断层(包括古交—头南峁、王封—随老母、杜儿坪—鸭儿崖等断层带)。

古交区块内发育一系列规模不等的 NE 向断层,如古交断层、杜儿坪断层、王封断层等。断层走向总体介于 50°～75°之间。其通常又由 1～3 条断层和部分派生断层构成,成群出现堑垒式构造。这些派生断层多属于张扭性正断层,且相互平移。短轴褶曲常伴生于断裂面两侧和不同的断裂带之间。断裂带间隔为 3～8 km,互相平行,从北西到南东将整个西山煤田东部分割成 5 个条块。褶皱轴部,在古交区块西面呈 SN 向,如马兰向斜;在古交区块东部呈 NE 向,如石千峰向斜。总体上,古交区块西北部地层受构造破坏严重;中部及南部构造较简单,对地层破坏也较弱。

井田内生产揭露的煤层构造具有如下特征。

① 断层构造规模较中等。断层落差集中在 10～20 m、61～70 m、71～80 m 范围内,以中等规模为主(表 2-2 和图 2-1)。在区域上,落差小于 25 m 和大于 65 m 的断层急剧增多,表明井田内断层发育不均,进而影响煤层破坏变形的非均质性(图 2-2)。

表 2-2　古交区块断层特征统计

断层/褶皱	断层落差/m									褶皱翼部倾角/(°)		
	10~20	21~30	31~40	41~50	51~60	61~70	71~80	81~90	91~150	3~5	5~10	10~15
条数	31	9	2	4	3	13	13	2	3	12	13	4
概率	0.39	0.11	0.03	0.05	0.04	0.16	0.16	0.03	0.04	0.41	0.45	0.14

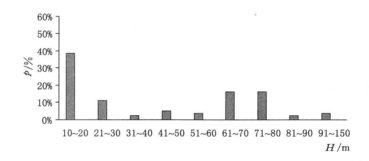

图 2-1　古交区块断层频率

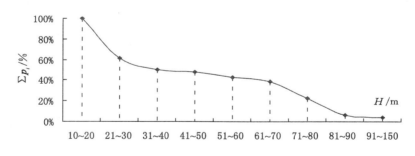

图 2-2　古交区块断层频率趋势

②断层方向性单调,高倾角。煤层断层基本以 NE 向展布,在 NW 向极少发育。断层倾角均为高角度,主要集中在 70°~80°。断层形式以张性、张扭性为主(图 2-3)。

③褶皱平缓,两翼较对称。古交区块内褶皱两翼地层倾角一般小于 15°(表 2-2),两翼地层倾角变化较小,呈对称分布(图 2-4)。

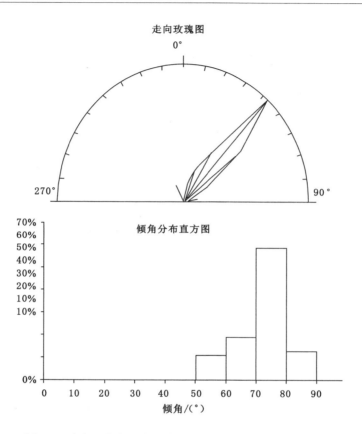

图 2-3　古交区块断层走向玫瑰花图与倾角分布直方图

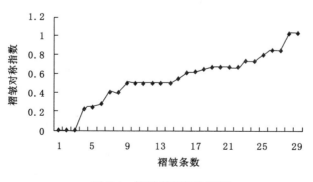

图 2-4　褶皱翼部倾角频率

2.3　煤储层形态与煤岩特征

煤层厚度、埋深、顶底板岩石力学性质是评价煤储层物性的物质基础,同样也影响煤层气含量、煤层渗透以及煤体结构的变化。这些性质,也影响着煤层水力压裂裂缝的延伸扩展。

2.3.1　煤储层形态特征

西山煤田古交区块煤储层较多,垂向上发育 13～15 层煤层,大部分煤储层分布不均,厚度各异(表 2-3)。其中,古交区块主采煤层为 2 号、8 号和 9 号煤层,其余不可采或者部分可采。2 号煤层位于山西组含煤地层,8 号和 9 号煤层位于太原组含煤地层。

表 2-3　研究区主要煤层煤厚变化变异系数

煤层	2 号煤层	8 号煤层	9 号煤层	4 号煤层
变异系数(W)	0.42	0.27	0.47	0.25

2 号、8 号、9 号煤层埋深分别介于 270.48～818.70 m、357.01～906.20 m、363.45～915.15 m 之间,平均煤层埋深分别为 564.20 m、639.70 m、644.44 m;煤层厚度分别介于 0.5～4.0 m、1.5～5.0 m、0.65～4.70 m 之间,8 号煤层厚度普遍大于 2 号、9 号煤层厚度。受沉积、构造的影响,2 号煤层在古交区块北部分布厚煤层,在南部分布较薄煤层[图 2-5(a)];8 号煤层在西部分布较厚,在中部和南部厚度较薄[图 2-5(b)];9 号煤层东北厚,往西、北南部逐渐变薄[图 2-5(c)]。各煤层具有厚度变化起伏大、非均质性强的特征。2 号、8 号、9 号煤厚变异系数分别为 0.42、0.27、0.47。8 号煤稳定性最好,2 号煤次之,9 号煤稳定性最差。

2 号煤层与上煤层间距为最小,介于 0.56～9.26 m 之间,间距平均 3.55 m;8 号、9 号煤层为邻近煤层,间距 0.86～26.29 m,间距平均 11.37 m (图 2-6)。

各煤层顶底岩性复杂,变化较大。2 号煤顶板岩性以砂岩和泥岩为主,8 号煤顶板岩性以砂岩、灰岩、泥灰岩和泥岩为主,9 号煤顶板岩性以砂岩、泥岩和碳质页岩为主(表 2-4)。

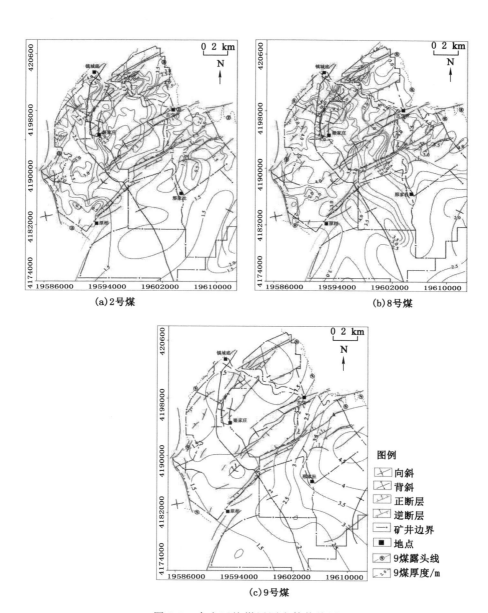

(a) 2 号煤　　(b) 8 号煤　　(c) 9 号煤

图 2-5　古交区块煤层厚度等值线图

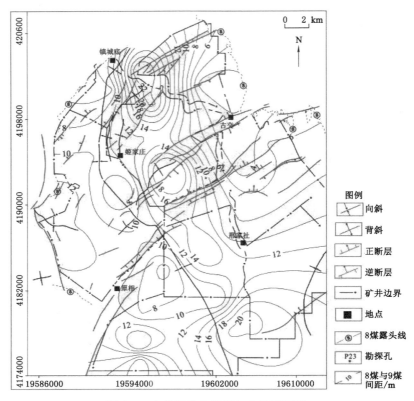

图 2-6　古交区块 8 号煤与 9 号煤间距

表 2-4　西山煤田煤层几何特征及顶板岩性

煤层	煤层埋深/m			厚度/m		与上煤层间距/m			顶板岩性
	最小	最大	平均	范围	平均	最小	最大	平均	
1	325.64	788.21		0~1.44	0.33	2.85	4.97	3.70	砂岩及泥岩
2	270.48	818.70	564.20	0.83~2.76	1.63	0.56	9.26	3.55	砂岩、泥岩
3	278.40	793.25		0~0.82	0.36	0.90	31.10	5.30	砂岩、碳质泥岩
4	283.00	827.50	571.57	0~3.60	0.87	1.99	33.20	6.93	砂质泥岩
6	285.50	861.55		0~1.66	0.74	42.34	0.70	25.52	砂岩、泥岩、灰岩
7	332.50	876.60	591.72	0~0.90	0.65	5.79	46.23	20.09	砂岩、泥岩、灰岩
8	357.01	906.20	639.70	1.0~3.95	2.61	12.00	32.98	18.69	砂岩、灰岩、泥灰岩及泥岩
9	363.45	915.15	644.44	0~3.84	2.54	2.55	18.60	10.25	砂、泥岩及碳质页岩
10	424.35	808.28		0~0.51	0.35	0.75	26.08	8.97	砂泥岩

2.3.2　煤岩组分及煤岩类型

区块煤层气开发目的层为山西组 2 号煤层和太原组 8 号、9 号煤层。煤壁刻井取样和工作面大块样,依照国家标准 GB 474—2008 制备试验样品并进行了镜质组反射率、煤岩显微组分以及工业组分分析测试。

2 号煤层镜质组最大反射率 1.25%～2.08%,平均 1.66%;镜质组、惰质组、壳质组含量分别为 48.20%～84.33%(平均 71.22%)、13.60%～29.33%(平均 20.36%)和 0～2.67%(平均 0.52%),灰分产率 5.76%～30.11%(平均 14.18%),矿物含量 0～28.80%(平均 7.68%)(表 2-5)。8 号煤层镜质组最大反射率 1.14%～2.30%,平均 1.67%;镜质组、惰质组、壳质组含量 57.40%～87.16%(平均 71.67%)、5.67%～34.13%(平均 19.92%)和 0～1.67%(平均 0.51%),灰分产率 8.14%～35.26%(平均 14.08%),矿物含量 0.02%～21.60%(平均 7.68%)(表 2-5)。9 号煤层镜质组最大反射率 1.39%～2.26%,平均 1.90%;镜质组、惰质组、壳质组含量分别为 59.10%～83.30%(平均 74.98%)、12.90%～40.90%(平均 23.38%)和 0～1.33%(平均 0.32%),灰分产率 5.41%～23.73%(平均 13.43%),矿物含量 0～6%(平均 1.32%)(表 2-5)。受祁县、狐偃山侵入体影响,2 号、8 号、9 号煤层镜质组最大反射率从西北向东南方向逐渐升高(图 2-7)。

表 2-5　古交区块煤样组分测试

样号	层厚/cm	岩石类型	工业分析/%		显微组分/%			
			M_{ad}	A_{ad}	V	I	E	M
2-R	/	泥岩	/	/	/	/	/	/
2-1	18	半亮煤	0.78	15.7	83.6	15.6	0.4	0.4
2-2	35	光亮煤	0.83	18.64	90.6	7.5	0.4	1.5
2-3	16	半亮煤	0.69	42.77	93.2	5.6	0.2	0.9
2-4	11	半暗煤	0.86	24.85	83.1	15.6	0.2	1.2
2-5	15	暗淡煤	0.77	15.5	50.2	47.7	0.2	1.9
2-6	19	半亮煤	0.78	13.61	74.3	24.7	0.4	0.6
2-7	23	半暗煤	0.82	11.88	46.9	52.4	0.2	0.6
2-8	35	暗淡煤	0.8	17.26	33.6	65.3	0.4	0.8
2-9	13	半亮煤	0.8	12.43	56.1	43.5	0.4	0
2-10	36	暗淡煤	0.81	8.17	16.7	82.5	0.2	0.6

表2-5（续）

样号	层厚/cm	岩石类型	工业分析/%		显微组分/%			
			M_{ad}	A_{ad}	V	I	E	M
2-11	29	半暗煤	0.81	8.66	44.2	55	0.4	0.4
2-12	26	暗淡煤	0.85	8.26	26.4	72.8	0.4	0.4
2-13	87	半亮煤	0.89	6.37	52.6	46.7	0.2	0.6
8-1	/	碳质泥岩	/	/	/	/	/	/
8-2	/	粉砂质泥岩	/	/	/	/	/	/
8-3	18	半亮煤	0.68	16.09	71.9	28	0.2	0
8-4	20	泥质夹矸	/	/	/	/	/	/
8-5	28	暗淡煤	0.74	49.36	5.5	93.9	0.2	0.4
8-6	25	半暗煤	0.72	30.56	14.8	84.6	0.4	0.2
8-7	20	光亮煤	0.75	23.15	63.3	35.8	0.2	0.8
8-8	33	半暗煤	0.91	16.02	17.1	82.2	0.2	0.6
8-9	60	光亮煤	0.84	12.02	61.4	37.3	0.2	1.2
8-10	12	半亮煤	0.83	11.67	31	68.8	0.2	0
8-11	30	暗淡煤	1.18	20.07	10.4	88.8	0.4	0.4
8-12	20	半暗煤	0.79	17.82	23.1	76.6	0.4	0
8-13	33	暗淡煤	0.95	27.65	11.4	88.3	0.2	0.2
9-R	/	泥岩	/	/	/	/	/	/
9-FR	20	碳质泥岩	/	/	/	/	/	/
9-1	23	半暗煤	1.75	8.14	32.8	65.6	0.2	1.4
9-2	14	暗淡煤	1.22	13.75	26.3	73.6	0.2	0
9-3	15	半暗煤	0.87	35.26	29.3	69.9	0.2	0.6
9-4	20	半亮煤	1.14	20.09	63.2	36.1	0.4	0.4
9-5	24	光亮煤	1.14	14.33	92.5	7.3	0.2	0
9-6	10	泥质夹矸	/	/	/	/	/	/
9-7	26	暗淡煤	0.98	27.13	33.8	65.4	0.2	0.6
9-8	16	半暗煤	0.97	14.24	43.9	55.1	0.2	0.6
9-9	34	半亮煤	1.02	11.79	79.7	19.9	0.2	0.2
9-10	50	光亮煤	1.08	10.79	95	4.2	0.2	0.6
9-F	/	泥岩	/	/	/	/	/	/

注：R 为顶板；F 为底板；FR 为伪顶；M_{ad} 为内在水分含量，空气干燥基；A_{ad} 为灰分产率，空气干燥基；V 为镜质组；I 为惰质组；E 为壳质组；M 为矿物。

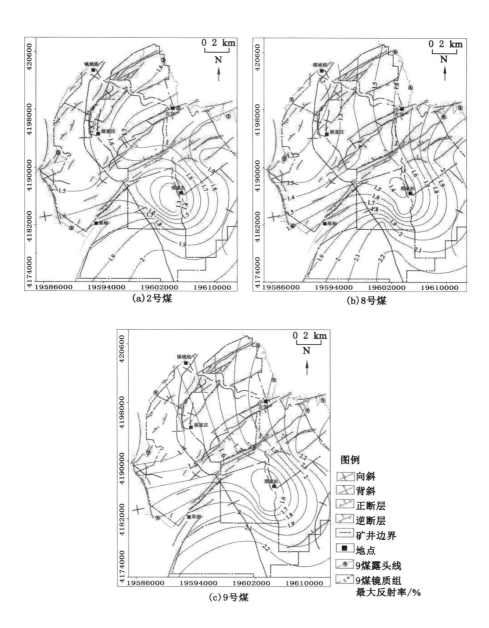

图 2-7　古交地区镜质组反射率等值线

井下实测表明,2号、8号、9号煤层以光亮煤和半亮煤为主,半暗煤和暗淡煤次之。刻槽采取相应长度的煤样,测试了不同宏观煤岩类型的显微组分和工业组分,显示了一定的规律性(表2-5)。光亮煤镜质组含量一般介于60%~85%之间,半亮煤一般介于55%~80%之间,半暗煤一般介于20%~45%,暗淡煤一般低于30%,光亮煤和半亮煤镜质组含量明显高于半暗煤和暗淡煤(图2-8)。

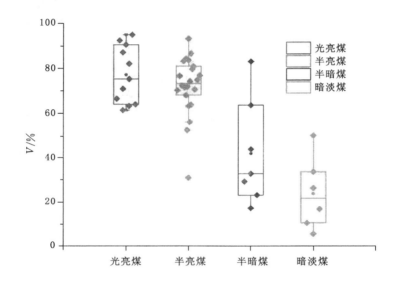

图 2-8　不同宏观煤岩类型镜质组含量箱型图

如图 2-9(a)所示,光亮煤和半亮煤内在水分含量接近,数据重叠部分多;半暗煤内在水分含量整体高于暗淡煤的内在水分含量,其分异显著。如图 2-9(b)所示,半暗煤和暗淡煤灰分产率数据跨度大,数据交叉重叠,而光亮煤和半亮煤灰分产率分异明显,半亮煤灰分产率整体高于其他煤岩类型的灰分产率。

煤层不同煤岩类型的工业组分和显微组分分异是煤层非均质性的物质基础。煤层纵向上声波、电阻率、放射性的分异可能与此相关。

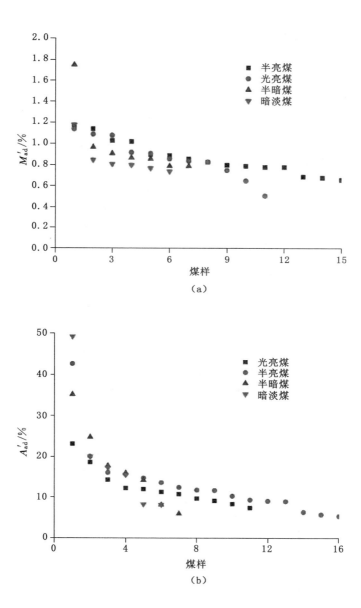

图 2-9　煤岩类型与内在水分和灰分产率含量关系

2.4 煤层含气量

统计钻孔煤层气解吸数据。古交区块煤层含气量变化较大。如图 2-10 所示,在层域上,煤层含气量随煤层埋深的增加而升高,甲烷浓度则随其增加先升高后降低。在区域上,2 号与 8 号煤层含气量在北部的西曲、镇城底、马兰井田以及屯兰井田北部最低,甲烷深度一般小于 4 m³/t;在南部邢家社井田,煤层含气量最高,甲烷深度可达到 20 m³/t 左右。中部和南部煤层埋深较其他地区深,煤层含气量从西北部到东南部逐渐增加。

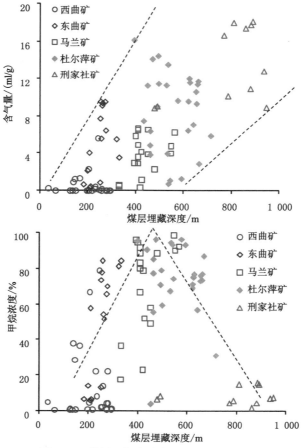

图 2-10　煤层埋深与含气量和甲烷浓度关系

2.5 水文地质条件

煤层气开采水文地质条件包括内在条件和外在条件。内在条件主要包括煤层自身的储水性、渗透率和静水头高度等;外在条件包括煤层顶底板的水文地质特征、含水层、隔水层以及与煤层的连通性等。受近南北向不对称复式向斜的影响,西山煤田碳酸盐岩在北部出露,在南部深埋。河谷深切破坏中奥陶统以上地层连续性,使得煤田地下水系统呈孤立状分布。古交区块位于煤田西北部,水文地质条件主要受马兰向斜和狐偃山岩浆岩穹窿控制。古交区块以位于矿区西北部,由西向东流的汾河为界,分为汾河以北的西曲矿和汾河以南的其他四矿。

2.5.1 煤储层自身主要水文参数

根据古交区块 3 口试井数据(表 2-6),3 个主煤层均属于欠压煤层。但是 3 口试验井主要集中在一个区域,代表性不够,可采用煤田勘探阶段的简易水文观测静水头高度予以弥补。

表 2-6 古交区块煤储层试井结果

井号	煤层	储层压力/MPa	煤层中部深度/m	压力梯度/(MPa/100 m)	渗透率/mD	表皮系数	调查半径/m
Y-1	2+4	4.906	827.05	0.593	0.026 2	−0.465 3	3.11
	8	5.591	892.03	0.627	0.014 5	−2.445	2.32
Y-2	2	3.278	521.10	0.629	0.072 7	−2.821 5	5.2
	8	1.794	604.13	0.297	2.343 1	−2.613 9	29.47
	9	3.904	625.00	0.625	0.028	−2.991 9	3.23
Y-4	2	1.702	551.40	0.308	0.120 8	−1.550 1	6.69
	8	2.095	622.34	0.336	0.098	−0.861 3	6.02
	9	4.093	651.24	0.627	0.013 2	−2.641 6	2.21

统计古交区块太原组、山西组水文地质钻孔水头标高等参数(见表 2-7 和表 2-8),估算煤储层压力和储层压力梯度。山西组水位标高为 965～1 168 m 之间,太原组水位标高为 665～1 246 m 之间。山西组储层压力梯度为 0.12～

0.94 MPa/100 m,其平均为 0.58 MPa/100 m。太原组视储层压力梯度为 0.30～0.95 MPa,其平均为 0.76 MPa,都属于欠压储层。在垂向上,山西组与太原组流体压力梯度差为 0.15 MPa/100 m,上下不同含水层流体压力梯度差异明显,这说明含水层之间流体交换微弱,分属不同的流体压力系统。在平面上,山西组视储层压力梯度表现为由南向北、由东到西逐渐增加的趋势,其最大值可达 0.85 MPa/100 m。太原组视储层压力梯度分布规律与山西组的类似,在西北部视储层压力梯度可以达到 0.9 MPa/100 m 以上。

表 2-7 山西组地下水动力参数统计

钻孔	试验层段与岩性	埋深/m	单位涌水量/(L/s·m)	渗透系数/(m/d)	视储层压力/MPa	压力梯度(MPa/100 m)	水位标高/m
104	P_1s 底～C_2 顶	45.58	0.002 6	0.030 00	0.31	0.69	973.81
108	P_1x～P_1s	104.00	0.007 45	0.052 60	0.66	0.64	1 031.57
119	P_1s	55.57	0.002 83	0.016 20	0.28	0.51	1 063.15
529	P_1s 顶～C_2t 底	154.74	1.08	4.490 00	1.25	0.81	1 127.71
547	P_1x 中～C_2t 底	225.00	0.002 62	0.018 00	2.06	0.91	1 104.60
563	P_1x 顶～P_1s 底	296.00	0.000 12	0.001 26	2.24	0.76	1 168.41
T18	P_1s	258.94	0.005 6	0.107 00	1.87	0.72	965.82
413	P_2s_1～P_1s	140.11	0.001 5	0.002 40	1.10	0.78	1 059.32
416	P_2s1～P_1s	149.81	0.002 1	0.002 50	1.41	0.94	1 044.83
417	P_1x1～P_1s	167.72	0.000 04	0.000 14	1.57	0.94	1 040.87
106	P_2s～P_1s 底	177.08	0.000 67	0.000 88	1.47	0.83	1 006.97
342	P_1s	5.20	0.034 8	0.677 00			975.38
810	P_1s	279.75	0.07	0.439 00	2.37	0.85	1021.30

表 2-8 太原组水动力参数统计

钻孔	试验层段与岩性	埋深/m	单位涌水量/(L/s·m)	渗透系数/(m/d)	视储层压力/MPa	压力梯度/(MPa/100 m)	水位标高/m
104	砂岩、灰岩	108.26	0.216	1.432 00	0.83	0.77	964.11
108	砂岩、灰岩	217.83	0.000 43	0.003 10	1.28	0.59	981.04
M46	灰岩、砂岩	188.13	0.008 1	0.440 00	1.46	0.78	1 116.76

表2-8(续)

钻孔	试验层段与岩性	埋深/m	单位涌水量/(L/s·m)	渗透系数/(m/d)	视储层压力/MPa	压力梯度/(MPa/100 m)	水位标高/m
563	灰岩、砂岩	413.00	0.000 06				1 206.46
T18	灰岩	297.77	0.000 19	0.002 10	2.25	0.76	665.96
413	灰岩	295.36	0.003 7	0.063 00	1.79	0.61	975.31
416	灰岩	344.02	0.000 56	0.013 00	3.27	0.95	1 040.07
417	灰岩	235.17	0.000 22	0.003 90	2.22	0.94	1 039.64
106	砂岩、灰岩	315.96	0.000 21	0.001 10	2.69	0.85	992.05
326	灰岩	113.08	0.002	0.070 00	1.07	0.95	984.34
342	灰岩	98.30	0.012 8	0.143 00	0.76	0.78	973.89
21		162.91	0.000 9	0.001 32	1.33	0.82	1 240.57
810	$C_3 8^\#$煤下-K_2段	324.53	0.065	0.407 60	2.83	0.87	1 023.30
834	L_4灰岩顶-K_2底	76.74	1.007	24.761 00	0.71	0.92	1 017.70
851	L_4灰岩顶-$8^\#$煤底	401.81			3.18	0.79	967.54
326	灰岩	115.43	0.002		1.09	0.95	984.34
328	L_4灰岩	42.81	4	204.96	0.34	0.79	1 143.73
328	L_5灰岩	45.12	2.17	111.68	0.38	0.84	1 141.62
340	L_4灰岩	30.79	0.03	1.871 00	0.27	0.89	1 017.71
340	灰岩	68.87	0.042	0.668 10	0.41	0.60	1 041.68
340	灰岩	95.96	0.012 8	0.161 00	0.74	0.77	973.89
352	砂岩、灰岩	179.30	0.001 2	0.003 94	1.71	0.95	1 050.19
917	砂岩、灰岩	211.60	0.000 72	0.000 19	1.37	0.65	954.58

　　煤层贮水率μ_s是衡量煤层储水性大小的参数,其量纲为$[L^{-1}]$,反映由于水头降低引起的含水层弹性释放水能力。当水头升高时,煤层发生弹性储水过程。此时,

$$\mu_s = \rho g(\alpha + n\beta) \tag{2-1}$$

式中,α、β分别表示煤层和水的压缩系数,n表示煤层的有效孔隙度。

　　贮水率乘以含水层厚度M,称为贮水系数或者释水系数。其公式为:

$$\mu = \mu_s M \tag{2-2}$$

煤层贮水性及裂隙孔隙度是控制煤层导电性的关键要素。煤层贮水率亦用来评价煤层气排采的难易程度。从式(2-1)可以看出煤层贮水率与煤层空隙度呈线性相关。煤层空隙贮水性差异可能是煤层在纵向上电性分异的主要影响因素。

2.5.2 主要含水层与隔水层

古交区块含煤地层含水层主要有太原组砂岩裂隙水、灰岩岩溶水含水层和山西组砂岩裂隙含水层,上、下石盒子组砂岩裂隙含水层(表 2-9)。隔水层主要有奥灰顶面至 8 号煤层底板之间岩层以及 2 号煤层底部与 8 号煤之间所夹的铝土岩、厚层砂岩、泥岩、灰岩。

表 2-9　含煤地层含水层特征

含水层位	水位标高/m	单位涌水量/(L/s·m)	渗透系数/(m/d)	地下水类型	动力条件	水质类型	备注
上、下石盒子含水层	994.13~1 205.53	0.000 04~0.086 5	0.000 14~0.354	裂隙水~承压水	弱	Ca—HCO₃、Na—HCO₃	隔水性强
山西组含水层	965~1 168	0.000 04~0.054 8	0.018~0.44	承压水	弱	Na—HCO₃	弱透水
太原组含水层	665~1 246	0.000 1~0.065	0.001 1~0.393	承压水	较弱	Na—HCO₃	微透水
奥陶系含水层				承压水		Ca—SO₄	

2.6 岩浆活动

受西太平洋板块向华北板块俯冲的影响,岩浆沿着狐偃山张性断裂上涌侵入形成狐偃山岩体。该岩体位于西山煤田马兰矿西南部,出露面积约为 56 km²。另外,在西山煤田东南部还发育祁县隐伏侵入体,其面积约为 57 km²。狐偃山侵入体与祁县侵入体的共同作用下,西山煤田呈现煤级环形变化。离侵入体越近,煤变质程度越高(图 2-11)。狐偃山岩体和祁县隐伏侵入体分列古交区块的东西部。古交区块内煤层镜质组反射率呈南北对称分布,中间反射率低,东西边界反射率高。

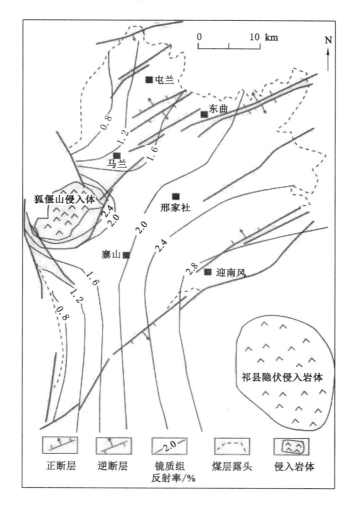

图 2-11　岩浆岩对煤岩变质程度的影响

　　燕山期狐偃山岩浆热力烘烤使煤中有机质挥发,煤基质收缩,产生气孔和收缩裂隙。岩浆侵入的动力挤压,产生的外生裂隙与内生裂隙(割理)叠加,使煤层裂隙规模发生变化,裂隙度提高,渗透性增强。煤层孔、裂隙的发育势必降低煤体强度,煤体更易遭受破坏变形。

第3章 煤体变形地质控制

不同构造期次对煤层的叠加破坏、不同构造应力场类型以及煤层与围岩力学性质差异控制煤体结构空间展布和发育特征。以构造地质学理论为基础,从区域构造演化、构造应力场类型和煤层顶底板岩层强度差异出发,定性分析构造控制下的煤体变形响应及对煤层渗透率的影响。

3.1 构造演化及煤体变形响应

通过野外实测节理和井下构造观测,结合古交区块构造、沉积背景,探讨古交区块构造行迹和构造演化与煤体变形的响应。

3.1.1 构造特征

古交区块构造行迹以北东向和南北向为主。贯穿古交区块的一级构造马兰向斜轴向南北,两翼不对称,西陡东缓。马兰向斜轴部在南北两端向东偏转呈"弓形"展布,其为西山向斜的一个组成部分。受构造以及岩浆岩影响,含煤地层走向变化大,以近南北向为主,在煤层底板等高线上表现出"环形"的分布特征(图3-1)。煤层倾角一般为3°~15°,靠近井田边缘煤层倾角能达到35°。

(1)褶皱

古交区块较大的褶皱有29条。轴向NNE~NS~SE的马兰向斜为古交区块最重要的褶皱。马兰向斜沿其两翼发育次一级的向斜和背斜。马兰向斜两翼极不对称,西陡东缓。马兰向斜西翼倾角为11°~27°,东翼倾角为6°~14°,为平缓宽幅褶曲。马兰向斜在古交区块内走向延伸12.79 km。马兰向斜轴部煤层最低标高为450 m,且轴部及两翼构造应力大,中、小型断层发育。与马兰向斜平行的褶皱的次级褶皱一般为宽缓褶皱,其倾角为3°~13°,包括杜兰向斜、鲜则沟背斜、屯兰河背斜、北社—常安向斜等。在古交区块的东北部的西曲煤矿发育轴向为35°~55°,平面上呈S形的会立—麻子塔—王马市

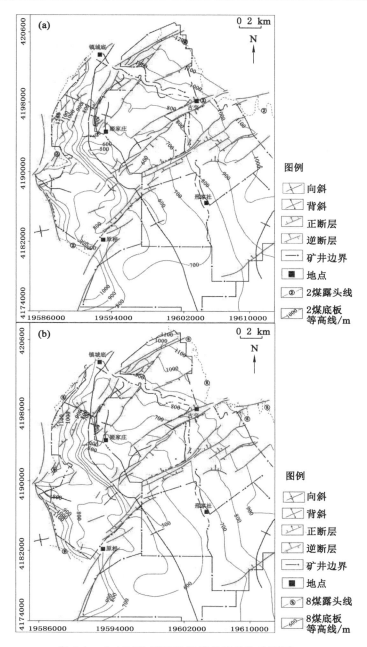

图 3-1　古交区块煤层底板等高线及构造刚要

背斜。该背斜轴面产状一般直立,在西段走向 NW,轴面倾向约为 85°,枢纽 SW 倾伏,倾角为 2°~6°,延伸约 7 km。受 NE 向断层和马兰向斜的影响,还出现与马兰向斜斜交甚至垂直的一些褶皱。由于断层牵引,这些褶皱大多平行于 NE 向断层,主要包括 NEE 向的白岸西向斜、镇城底背斜、小头村向斜。白岸西向斜倾角较小,一般为 5°左右,为平缓宽幅褶曲。在其他走向不同的小型平缓宽幅褶曲参与作用下,井田东南部地层局部走向转为 NE,煤层变得平缓。镇城底背斜两翼倾角为 3°~5°,延伸 1 200 m。小头村向斜两翼倾角为 8°~15°,延伸 1 200 m。

(2) 断层

古交区块内以正断层为主。马兰向斜东翼发育大量 NE、NEE 向的断层,西翼发育 NNW 向断层。古交区块内断层组合以及断层与褶皱的组合模式复杂。在平面上,断层以 N60°E 为主的高角度正断层等间距成带出现,形成一系列地垒状构造,属于煤田的二级构造。从北往南主要的断层有九龙塔—红崖子断层带,古交—南峁断层带,王封—随老母断层带以及凤坪岭断层、王芝茂断层、土地沟断层、原相北断层等。在垂向上,断层落差差异较大,将地层切割成部大小不一的长方形地块。

古交区块内共有 4 组 3 套共轭剪节理(表 3-1)。NE 向断层为张性兼有扭性,断面摩擦镜面明显,断层面紧闭,断层面两侧常伴有短轴褶曲,构造透镜体及劈理明显。古交区块内有 2 组节理发育方向与 NE、NNW 向断层较为一致,其余 2 组节理与断层走向斜交(图 3-2),这说明断层在形成后受到剪切作用,沿断层面发生走滑运动。古交区块构造叠加和后期改造明显。

表 3-1 西山煤田构造应力场演化

节理配套	时间	最大挤压应力方向	最大主应力方向	动力来源
第Ⅰ组和第Ⅱ组	燕山运动中晚期	302°∠8°	NWW~SEE	太平洋库拉板块与中国大陆板块之间相互作用
第Ⅰ组和第Ⅲ组	喜山运动早期	15°∠7°	NNE~SSW	印度板块与欧亚板块相互挤压以及东亚大陆边缘裂解
第Ⅱ组和第Ⅲ组	新生代	260°∠10°	NEE~SWW	印度板块、欧亚板块与太平洋板块相互作用

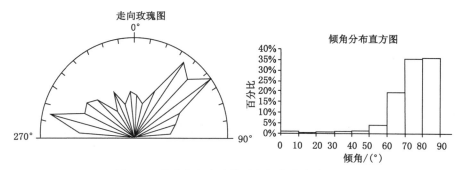

图 3-2　裂隙走向玫瑰花图与倾角分布直方图

3.1.2　构造演化

古交区块经历多期构造运动后,构造复杂,褶皱、断层发育。

印支期 SN 向挤压和西山煤田北部的抬升,形成 NNE 向极为宽缓的褶曲。在此基础上,燕山早期 SEE～NWW 向挤压发育 NW 向、NEE 向的剪切构造,从而奠定西山煤田构造格架。燕山中期 NW 向挤压形成大型复式向斜以及 NNE 向的断裂构造。燕山晚期 NNW～SSE 向拉张右旋作用下形成 NE 向张性兼扭性正断层。例如,古交区块内古交—南峁、王封—随老母、杜儿坪等断层带即形成于此期。

喜马拉雅期 NNE～SSW 挤压应力下形成轴向大致平行的清交断层和西铭断层。受古老地层和狐偃山燕山期侵入体的阻挠形成顺时针旋转,褶曲呈波状展布,如马兰向斜。新构造运动 NNW～SSE 向的伸展作用使得早期形成的 NW 向剪切构造活化,形成正断层,切穿 NE 向断层。此期间,由于鄂尔多斯地块的旋转,近 EW 向至 NEE 向断层向北旋转,形成现今构造格局。

3.1.3　煤层变形响应

经过井下实地观测,构造变形煤主要包括碎裂煤、碎粒煤以及少量的糜棱煤。

(1)碎裂煤

碎裂煤原生条带状结构保存较好,层理面较为清晰,煤体破坏变形程度弱[图 3-3(a)]。受构造的控制,外生裂隙产状通常与节理或者更高级别的断层和褶皱相匹配。外生裂隙主要方向为 NE、NW 向,一般有 3 组发育:垂直层理面裂隙或与层面相交的共轭裂隙[图 3-3(b)和(c)],多数没有切穿煤层顶底板,一定程度连通不同煤岩分层中的裂隙;顺层面或与层面小角度相交的裂隙和与层面斜交 55°～75°的裂隙[图 3-3(d)]。垂直裂隙,较为发育且裂隙面较为平整,有方解石或黄铁矿充填[图 3-3(e)];顺层裂隙面有平整的擦痕,裂隙面平整,有轻微的错开[图 3-3(d)];共轭裂隙面凸凹不平,节理面充填黄铁矿,后期构造改造明显[图 3-3(f)]。

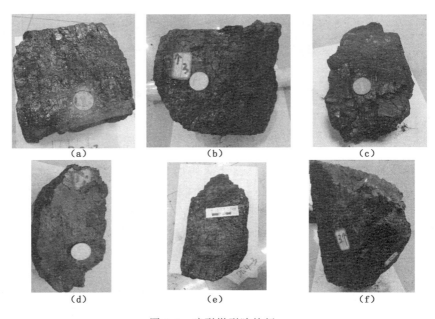

图 3-3 碎裂煤裂隙特征

（2）碎粒煤

碎粒煤破坏变形较为严重。在内生裂隙、外生裂隙共同作用下,裂隙面错动,煤层被破坏成小块状甚至粒状[图 3-4(a)]。煤层外生裂隙非均质性强。从平面上看,褶皱翼部以及断层的上、下盘处外生裂隙发育,易形成碎粒煤。垂直或者大角度相交层面的裂隙密集发育,裂隙面宽 1～3 mm,充填方解石或者黄铁矿,裂隙密度为 3～10 条/20 厘米。顺层裂隙与垂向或者大角度相交裂隙相互切割,在煤层内生裂隙(割理)发育的基础上进行改造,将煤层切割成块状或者粒状。并且外生裂隙延伸范围很小。裂隙面两侧凸凹不平,方向性和稳定性较差[图 3-4(b)]。随着构造活动的强烈,裂隙面两侧发生位移,形成光滑的擦痕,对煤层早期进行强烈的改造[图 3-4(c)和(d)]。

（3）糜棱煤

对于古交区块,仅在断层和褶皱的交汇处附近观测到少量糜棱煤。煤层

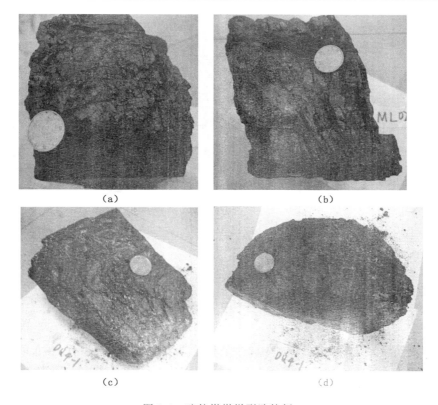

图 3-4 碎粒煤煤样裂隙特征

原生结构遭受严重破坏。煤分层中发生规模较小褶皱弯曲,多被外生裂隙截断终止[图 3-5(a)]。顺层裂隙较为发育,裂隙面有黄铁矿和方解石填充,裂隙面为光滑的摩擦面,并有韧性滑动的痕迹[图 3-5(b)]。早期稀疏发育的较为粗大的裂隙发生强烈的改造和褶皱,后期裂隙细微,主要表现为顺层剪切性质并将早期裂隙切割和错断。

综合以上分析可以得出,古交区块主要发育脆性裂隙,揉皱变形不常见。煤体结构主要为原生结构煤、碎裂煤、碎粒煤和少量的糜棱煤。垂层外生裂隙较为发育,且与煤层割理方向一致,反映垂层裂隙可能为内生裂隙进一步演化发展的产物。

经过实测,水平裂隙切割垂向裂隙和斜交裂隙,说明水平裂隙形成要晚于垂层裂隙。

(a)   (b)

图 3-5　糜棱煤煤样裂隙特征

3.2　不同构造对煤体变形控制

受区域构造演化的影响,不同性质构造应力场控制构造发育、展布以及组合样式。不同性质构造应力场形成相应的构造。构造在对应的应力-应变条件下对煤层具有不同的改造作用,从而形成不同结构特征的煤体。许多研究者研究了不同构造应力演化特征对煤层气成藏的控制,但主要出发点是煤层变形、煤体结构特征。

3.2.1　挤压构造应力场及其变形响应

煤岩层在挤压构造应力场下不仅形成褶皱和断层,煤储层赋存形态也会受到改造变形,形成不同结构的构造煤。由于构造变形、受力状态的非均质性,在构造的不同位置煤体变形存在着较大的差异。

燕山中晚期,太平洋库拉板块生向西北方向的压应力和西部古老吕梁地块的共同作用下,受 SNN～NWW 挤压应力,形成了大型 NS 向复式向斜——马兰向斜。野外考察及资料分析表明,Ⅰ组节理和Ⅱ组节理配套,锐夹角指示与区块 SNN～NWW 挤压应力方向一致。马兰向斜为一个宽缓褶皱,西翼煤层弯曲曲率大,煤层倾角较大;东翼地层较平缓,煤层倾角较小。受马兰向斜的控制,褶皱轴部煤层埋深大,垂向地应力大;翼部煤层浅,垂向地应力小。在褶皱轴部水平最大挤压主应力受垂向地应力的阻碍,煤分层间不易产生滑动位移;煤层脆性变形,一般产生碎裂煤、碎粒煤。在向斜的拐点及靠近拐点的翼部,垂向地应力较小,上覆地层克服煤层变形能力弱,且相邻岩层外弧总是向着褶皱转折端运动,其内弧总是背离褶皱转折端运动。在煤层内部必然产生顺煤层方向的剪切应力(即所谓的透入性顺层剪切应力)。剪切力在拐点及靠近拐点的翼部最强,转折端无剪切力。在乌兰向斜的翼部,受顺层剪切的作用,煤层一般发生韧性变形(图 3-6),易形成碎粒煤和糜棱煤。

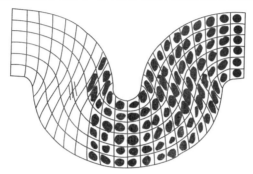

图 3-6　纵弯褶皱内应力-形变分布形式

NS 向马兰向斜两翼发育次一级的向斜和背斜。这些向斜和背斜幅度较小,对煤层的改造微弱。马兰向斜东翼发育大量的 NE 向高角度正断层。在古交区块内,马兰向斜西翼比东翼窄,西翼断层稀疏但地层倾角大。因此,马兰向斜两翼煤层破坏变形有一定的对称性。

3.2.2　伸展构造应力场及其变形响应

我国大部分煤田一般都经历了不同期次、不同性质的构造应力场的作用。张性构造应力场通常是叠加于压性应力场之上。

研究区喜山早期在 SNN~NWW 向挤压应力场上,叠加了 NNW~SSE 向拉张应力。在拉张作用下,形成了一系列相互平行的断裂带。断裂带间近等距将煤田东部划分成五个地垒状条带,这些地垒状断裂带为同一期构造应力作用下的产物。断裂带以 NE 为主,由 1~3 条断层和派生断层组成,断层均为倾角 60°~80°的高角度正断层。新构造运动 NNW-SSE 向伸展运动,使燕山早期普遍发育 NW 向剪切构造得以活化,形成切割 NE 向的正断层。本区正断层对煤层破坏的范围小,除在强烈变形部位外可能形成糜棱煤,一般都以脆性变形为主,煤层流变弱。一系列的断裂带严重破坏了煤层的连续性、完整性,将煤层切割成大小相近的长方形块体,改造了煤层的原生结构,次生裂隙发育,提高了煤层渗透率。

韩贝贝等统计西山煤田震源机制解,进行了构造有限元数值模拟。西山煤田现代构造主应力为 NW～NNW 向张应力,挤压应力方向 NE～NEE 向(图 3-7),与本区普遍发育的 NE～NEE 向正断层一致。拉张应力使得古交区块一系列断层开放性进一步加强,煤体变形相对简单,以碎裂煤为主,碎粒煤次之。

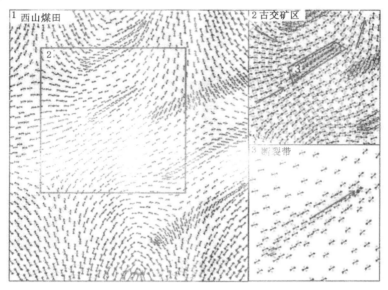

图 3-7　主应力迹线模拟结果

3.2.3　剪切构造应力场以及变形响应

剪切构造作用下,平移断层与正断层力学分析原理相似。由于断层效应以及断层多期不同性质活动等影响,实践中很难把平移断层与正断层进行区分,平移断层构造强度介于正断层与逆断层之间。

如图 3-8 所示,古交区块走向为 NE 向断层,在拉张应力叠加挤压应力的基础上,由早期的左旋压扭性质,转变为南北向右旋性质。受煤田西部狐偃山燕山期侵入体的阻挠,煤田内的褶曲轴变成“S”形,NEE 向断裂构造带由张性变为张扭性。平移断层不发育,对煤层影响不大。

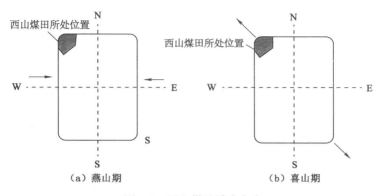

图 3-8　西山煤田受力方向

3.2.4　不同构造作用下的煤体变形响应

构造应力场及应力-应变环境对应不同性质的构造,不同性质的构造对煤储层有相应的改造作用,从而形成不同结构特征、类型的煤体结构。煤层作为一种特殊的具有韧性特征的有机岩石,依据煤体变形的机制及结构特征,可以分为脆性变形和塑性变形两大变形序列。依据变形由强到弱,脆性变形包括碎裂煤、碎粒煤,塑性变形包括糜棱煤。不同类型煤体结构发育于相应的构造环境或不同的构造部位,其孔隙度、渗透率、水力压裂可改造性均有差异。

挤压应力场下的煤层往往易演变成层滑构造。在强变形地带,煤层也能发生塑性流变变形,可以形成糜棱煤。随着远离强变形地带,依次形成碎粒煤和碎裂煤。在强变形影响宽度的控制下,煤体结构垂向分带特征明显,尤其是在韧性剪切带的中心极有可能形成糜棱煤(图 3-9)。拉张构造应力下,煤层发育脆性变形,易形成碎裂煤甚至碎粒煤,糜棱煤不发育;正断层上盘、下盘应力分布的差异,构造煤往往在断层的主动盘(上盘)比被动盘(下盘)更发育(图 3-10 和图 3-11)。另外阶梯状正断层可能演化为层滑构造,其跟挤压作用下的韧性剪切带类似,同样具有垂向分布的煤体结构。受区域构造演化的影响,古交区块内不同期次应力方向的转变和叠加,使得高角度正断层大部分有张扭性或者压扭性。剪切应力场对煤层的破坏程度介于挤压构造应力场和拉张构造应力场之间。在一些压扭性断层的断面附近可以形成一定宽度的糜棱煤。

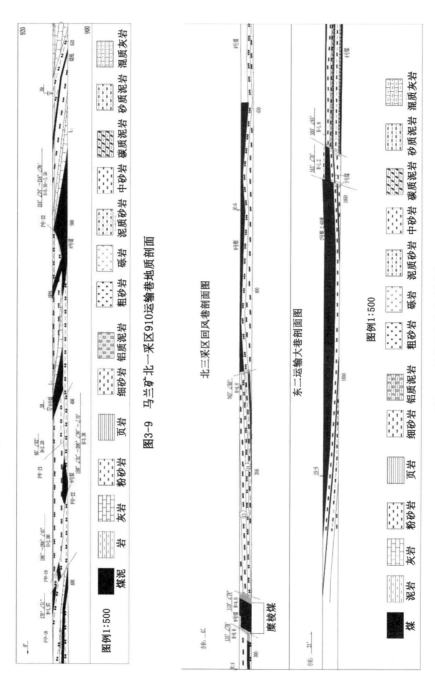

图3-9 马兰矿北一采区910运输巷地质剖面

图3-10 马兰矿井巷地质剖面

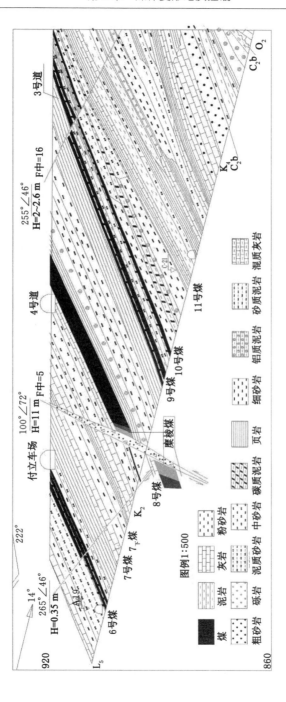

图3-12　马兰矿主斜井地质剖面

3.3 煤层顶底板强度与煤体变形响应

煤岩体在地质演化过程中的变形不仅受到构造演化、构造应力场的控制，还受煤层顶底板岩性强度、煤层自身强度的控制。煤层作为含煤地层的软弱层，其强度只有泥岩的几分之一，不足砂岩和灰岩的十分之一，一般出现上部、下部岩层强度大，中部煤层软弱的特点。因此，煤层与强硬岩性一起弯曲变形。强硬岩层顶底板弯曲过程中施加在煤层上的剪切力，是煤层变形主要受力诱因。煤层中断层的发育差异性，也是由于煤层顶底板岩层力学性质造成的，而且还与层状岩石的组合岩体结构力学性质有关。煤层顶底板脆性岩层、韧性岩层及其组合决定了断层是否能切入煤层或者切入煤层何部位。煤岩层的岩性组合及力学性质控制着含煤地层构造的出现，进而影响煤体变形程度。

3.3.1 岩体强度因子及其参数选取

煤层受力变形的围岩因素可以用岩体强度因子来定量化表征。强度因子反映统计层段内脆性岩层、过渡性和软岩层所占的比例，进而反映统计层段岩体强度。强度因子越大，一般来说抵抗变性能力越强，煤体变形越弱。岩体强度因子，是定量研究各岩层对煤体变形的影响，是指统计层段内各岩层"强度"之和。其公式为：

$$Q = \sum h_i \times k / m_i \qquad (3\text{-}1)$$

式中　Q——钻孔中统计层段内岩体强度因子；

　　　h_i——统计层段内岩层单层厚度，m；

　　　k——某一岩层岩体强度调整系数（常数）；

　　　m_i——岩层中点距煤层中点的距离，m。

岩体强度调整系数是为了调整同一区块内、同一岩性的岩石力学性质可能的差异，形成一个在区块内统一的岩性调整系数。以煤层顶、底板的中粒砂岩为基准，将其岩性调整参数赋值为1，非中粒砂岩与中粒砂岩实测杨氏模量的比值，即为此类岩层的岩体强度调整系数。其公式为：

$$k = \frac{E_f}{E_z} \qquad (3\text{-}2)$$

式中　E_f——非中粒砂岩杨氏模量，MPa；

　　　E_z——中粒砂岩杨氏模量，MPa。

统计古交区块内煤层顶、底板各岩性的杨氏模量,计算含煤地层强度调整系数,其结果见表 3-2。

表 3-2　古交区块岩体强度调整系数

岩性	杨氏模量/($\times 10^4$ MPa)	k	岩石力学性质
中粒砂岩	2.43	1.00	脆性岩石
角砾灰岩	2.55	1.05	
粗粒砂岩	2.81	1.16	
细砂岩	2.28	0.94	
灰岩	3.33	1.37	
粉砂岩	1.80	0.74	过渡岩石
砂质泥岩	1.55	0.64	
泥灰岩	2.99	1.23	
铝质泥岩	1.39	0.57	
泥岩	0.96	0.40	韧性岩石
碳质泥岩	1.06	0.44	
煤层	0.67	0.28	

通过关联度分析表明:煤体结构发育程度与目标煤层距岩层距离呈负相关。随着该距离增大,煤体结构发育程度逐渐减小。当该距离达到某一临界点时,统计层段厚度再取大值已不具意义。结合小构造发育程度,统计层段厚度取值为 100 m。

3.3.2　计算结果

古交区块岩体强度因子值介于 2.32～6.12 之间,其平均值为 4.66,其均方差为 0.22,岩体强度因子非均质性强。由图 3-12 和图 3-13 可知,古交区块 8 号煤层岩体强度因子趋势与其构造较为一致。在古交区块中部 NS 方向上,马兰向斜褶皱轴线附近岩体强度因子较低,在翼部两侧岩体强度因子较高,尤其是在东部的正断层发育的区域,岩体强度因子表现为高值。在岩体强度因子低的区域,一般发育韧性变形,煤层破坏以顺层剪切为主,易形成构造煤或者褶皱来吸收构造应力;在岩体强度因子高的区域,一般易发生脆性变形,主要以断层的形式来释放构造应力,煤层易遭受断裂破坏。统计古交区块 8 号煤层上、下 50 m 岩层段,利用公式计算岩体强度因子,其结果见表 3-3。

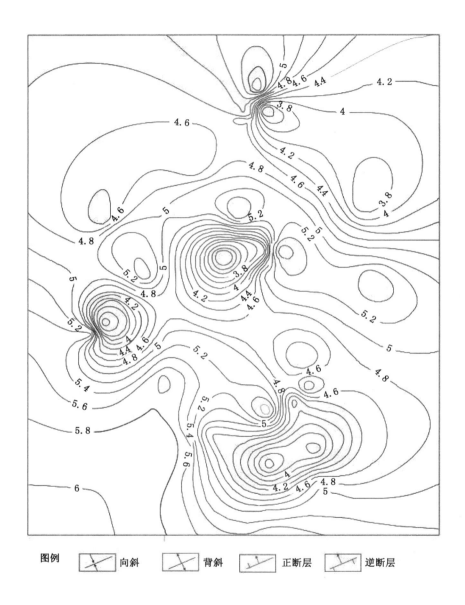

图 3-12　8 号煤层强度因子等值线

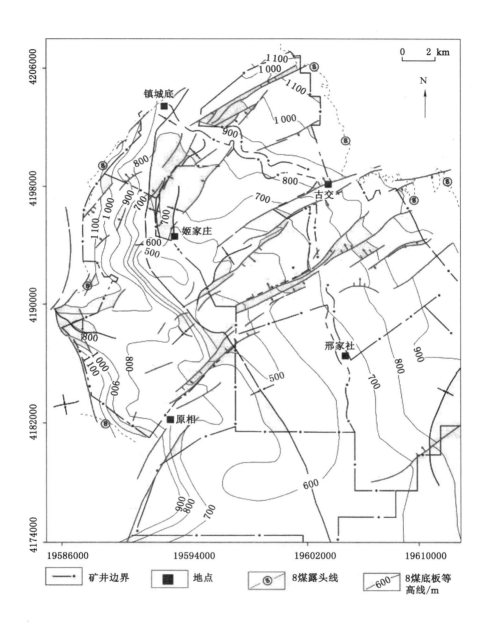

图 3-13　8 号煤层底板等高线

表 3-3　古交区块岩体强度因子

钻孔号	岩体强度因子	钻孔号	岩体强度因子	钻孔号	岩体强度因子	钻孔号	岩体强度因子
D4*	4.90	T60	4.99	M12	5.32	L10	5.24
D18	3.57	T76	3.38	M46*	4.89	L11	5.87
D13-4	5.61	303	2.99	M60	5.58	L12	3.82
D22	5.11	951	5.05	M71	4.45	y4-10	3.23
T18	5.19	XQK13-1	6.12	MB4	5.05	y2-1*	4.32
417	4.38	曲20*	5.23	MB19	5.89	y5-6	3.01
413	5.72	曲21-1	4.89	558	2.39	y10-2*	5.34
T58	5.72	305	3.64	M4	4.24	y3-1	5.88
T45	2.32	M58	5.64	L4	4.01	y7-13	4.95

如表 3-4 所示，古交区块 8 号煤层顶底板岩性以灰岩为主，泥岩次之。灰岩岩石力学强度高，抗变形能力较强，以断裂变形为主，褶皱变形少见。构造应力和岩石力学强度的配置是构造变形的主要影响因素。例如，古交区块东南和西南区段岩体强度因子较高，但断层和褶皱均不发育，这可能是构造应力在区块内分布不均或者应力偏转所致。构造应力不足以使岩层遭受破坏变化，致使煤层受到顶板、底板强硬岩石的保护。

表 3-4　顶板、底板岩石力学性质

岩类		石灰岩	泥岩类	砂质泥岩、粉砂岩	砂岩类
围岩	抗压强度/MPa	21.70～50.5	2.70～13.5	13.3～38.9	19.6～41.1
	抗拉强度/MPa	1.58～5.14	0.70～1.78	1.10～2.07	2.01～4.67

第4章　煤体结构识别

　　煤体物理和化学性质差异使得煤体结构与测井响应具有良好的对应关系。地球物理测井方法最为经济高效且有较高的精度。煤芯编录、井下煤壁观测的煤体结构对应一种或者多种测井响应,可定性、定量识别钻孔煤体结构。采用电阻率与岩石结构特征关系的 Archie 公式,可求取构造煤孔隙结构指数,定量判识煤体结构。组合测井响应可定量识别煤体结构。神经网络和支持向量机亦运用于预测煤体结构。然而,不同区域煤体结构的物理、化学性质与测井响应存在差异,需要筛分煤体结构测井响应的敏感性参数及组合。

4.1　数据处理及预测方法

　　采集煤层测井数据,辨识煤体结构,对测井数据进行统计分析处理,定量化识别煤体结构,其主要的方法有:刻度井法、主成分分析法、对应分析法、刻度井法。

4.1.1　主成分分析法

　　主成分分析法是一种降维的统计方法。借助于一个正交变换,将分量相关的原随机向量转化成其分量不相关的新随机向量,这在代数上表现为将原随机向量的协方差阵变换成对角形阵,在几何上表现为将原坐标系变换成新的正交坐标系,使之指向样本点散布最开的多个正交方向,然后对多维变量系统进行降维处理,使之能以一个较高的精度转换成低维变量系统,再通过构造适当的价值函数,进一步把低维系统转化成一维系统。

　　数据处理前计算测井响应数据 KMO 值为 0.638,P 值为 0,这表明采用主成分分析法预测煤体结构是可行的。

　　主成分分析法主要步骤如下所述。

　　① 采用式(4-1)对测井响应数据进行标准处理。

$$x = \frac{N - N_{\min}}{N_{\max} - N_{\min}} \tag{4-1}$$

式中,x 为标准化后数据;N 表示井径、电阻率、自然伽马和密度测井响应值,下标 min 表示测井响应最小值,max 下标表示测井响应最大值。

② 采用 SPSS 软件进行指标之间相关性判定。判定结果表明,井径测井响应为独立变量,自然伽马测井和密度测井随着井径测井响应值增加而减小。

③ 进行方差矩阵旋转,求得井径测井、自然伽马测井、密度测井和电阻率。相关研究区测井响应值对应的因子得分系数分别为 0.408、0.367、－0.319、0.235。通过计算发现,指标权重与因子得分系数值一致。

④ 按式(4-2)计算主成分,进行煤体结构识别。

$$F = (0.408 \times X_{CAL} - 0.367 \times X_{GR} - 0.319 \times X_{DEN} +$$
$$0.235 \times X_{Rt}) \times 100 \tag{4-2}$$

⑤ 计算不同煤体结构第一主成分 F_1 的区间(表 4-1),进行煤体结构识别。

表 4-1 不同煤体结构 F_1 值区间

煤体结构	原生结构煤	过渡类型煤	碎裂煤	碎粒煤	糜棱煤
F_1 值	<0		(−8,23)	(22,29)	
F_1 区间	<−9	(−8,0)	(0,22)	(22,29)	>29

4.1.2 对应分析法

对应分析法是在 R 型和 Q 型因子分析的基础上发展起来的一种多元统计分析方法。因此对应分析又称为 R-Q 型因子分析。在因子分析中,如果研究的对象是样品,那么需采用 Q 型因子分析;如果研究的对象是变量,那么需采用 R 型因子分析。但是,这两种分析方法往往是相互对立的,必须分别对样品和变量进行处理。因子分析对于分析样品的属性和样品之间的内在联系,就比较困难。因为样品的属性是变值,而样品却是固定的。于是就产生了对应分析法。对应分析法综合 R 型和 Q 型因子分析的优点,并将它们统一起来,这样由 R 型的分析结果很容易得到 Q 型的分析结果。更重要的是可以把变量和样品的载荷反映在相同的公因子轴上,这样就把变量和样品联系起来便于解释和推断。

对应分析的基本思想是将一个联列表的行和列中各元素的比例结构以点

的形式在较低维的空间中表示出来。对应分析法能把众多的样品和众多的变量同时做到同一张图解上,将样品的大类及其属性在图上直观而又明了地表示出来,具有直观性。对应分析法还省去了因子选择和因子轴旋转等复杂的数学运算及中间过程,可以从因子载荷图上对样品进行直观的分类,而且能够指示分类的主要参数(主因子)以及分类的依据。对应分析法是一种直观、简单、方便的多元统计方法。

对应分析法的整个处理过程由两部分组成:表格和关联图。对应分析法中的表格是一个二维的表格,由行和列组成。每一行代表事物的一个属性,依次排开。列代表不同的事物本身,由样本集合构成。列的排列顺序并没有特别的要求。在关联图上,各个样本都浓缩为一个点集合,而样本的属性变量在图上同样是以点集合的形式显示出来。

对应分析法的具体计算步骤如下:

① 选钻空测井数据,将原始测井数据作为矩阵。

② 将测井原始数据做归一化处理,转为概率矩阵。

③ 根据概率矩阵确定数据点坐标。

④ 计算协方差矩阵。

⑤ 生成因子载荷图(图 4-1)。

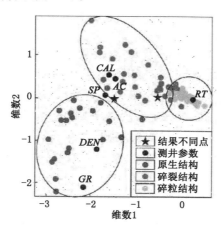

图 4-1　某区不同煤体结构样品点在对应分析因子载荷图的分布

图 4-1 表明,识别原生结构的敏感测井响应为密度和自然伽马,识别碎裂煤敏感测井响应为井径和声波时差。

4.1.3 刻度井法

依照区域覆盖且具有代表性的原则,根据研究区煤田钻孔实际施工情况,选取 D4、西 20、M46、Y2-1、Y10-2 等 5 口井作为刻度井(表 4-1 和图 4-2),以标定 8 号煤层的煤体结构测井响应。刻度井基本涵盖了古交区块不同构造分区。利用 X_{35} 井作为验证井,以验证所建立的煤体结构预测模型对煤体结构的识别精度。

表 4-1 刻度井煤体结构分层厚度表

钻孔编号	原生结构煤厚度/m	碎裂煤厚度/m	碎粒煤~糜棱煤厚度/m	夹矸厚度/m	总厚度/m
D4	0.95	1.32	1.72	0.58	4.57
西 20	1.68	0.76	1.40	0.21	4.05
M46	1.74	0.30	2.32	0.15	4.51
Y2-1	1.00	0.70	1.00	0.35	3.05
Y10-2	1.35	1.30	0.80	0.00	3.35

刻度井测井曲线有视电阻率、自然伽马、密度、声波时差、井径等。煤芯编录及煤矿井下观测发现,8 号煤层的煤体结构以原生结构煤、碎裂煤、碎粒煤为主,发育少量糜棱煤,煤体结构分层复杂(图 4-2)。如表 4-1 所示,除 M46 井碎裂煤煤厚为 0.3 m 外,其余各刻度井煤厚均大于 0.7 m,这有利于煤体结构测井响应数据的采集。

原生结构煤呈完整块状,宽条带状构造,构造成因的外生裂隙不发育或者较少发育,无揉皱面,煤体坚硬不易破碎,宏观煤岩成分清晰可辨,一般为半暗煤或者暗淡煤[图 4-3(a)]。碎裂煤较原生结构煤外生裂隙发育,且出现轻微错断层理,裂隙面有轻微位移,煤体较为完整,呈块状,宏观煤岩成分清晰可辨,煤体较为坚硬,易破碎[图 4-3(b)]。碎粒煤结构遭受破坏严重,煤体被切割成小颗粒块,可见较多滑面[图 4-3(c)]。糜棱煤呈鳞片状甚至粉状,肉眼没法观测裂隙,揉皱滑面极其发育[图 4-3(d)]。

(1)刻度井煤体结构测井响应

五口刻度井 8 号煤层测井曲线见图 4-3。单井自然伽马测井曲线、密度测井曲线随煤体结构变化起伏较为一致,两曲线形态相似,测井数据相关性好(图 4-4)。声波时差测井绘本与深侧向视电阻率测井曲线亦如此(图 4-4)。刻度井煤体结构与井径测井响应不明显,故井径曲线不宜识别本区煤体结构(图 4-4)。

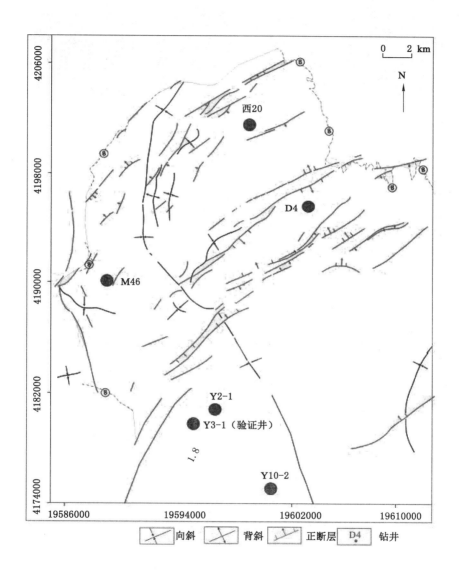

图 4-2　刻度井位置分布

图 4-3　煤体结构宏观特征

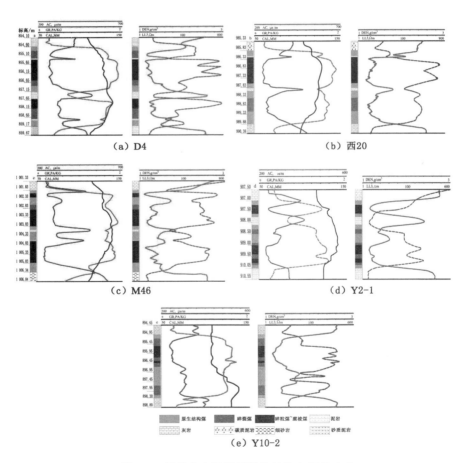

图 4-4　刻度井 8 号煤层煤体结构与测井响应

对应刻度井煤体结构,间隔 0.15 m 采集各测井响应数据(表 4-2)。对比研究发现,随煤体破坏程度加剧,自然伽马测井、密度测井响应值呈减小趋势,电阻率、声波时差测井响应值逐渐增大。

表 4-2　刻度井煤体结构测井响应范围

煤体结构	自然伽马 /10^{-1} Pa/kg	密度 /(g/cm^3)	视电阻率 /$\Omega \cdot m^{-1}$	声波时差 /(μs/m)
原生结构煤	4.05～8.46	1.32～1.90	21.30～178.68	408.63～498.67
碎裂煤	2.31～4.31	1.22～1.41	22.96～282.40	413.64～501.63
碎粒煤～糜棱煤	0.51～5.68	1.08～1.37	184.68～759.89	490.15～659.00

① 对于生结构煤,自然伽马测井曲线呈箱形负异常,在煤层顶部、底部受围岩的影响呈漏斗状,其顶部呈近似缓波状;密度测井曲线呈箱形,高幅值,峰顶有起伏,在煤层顶部、底部受围岩影响呈钟形;声波时差曲线幅值高,形态呈箱形,顶部较为平滑;视电阻率曲线呈正异常箱形,波状起伏。

② 对于碎裂煤,自然伽马曲线幅度值较原生结构煤的明显降低,形态为箱形;密度测井曲线幅值较原生结构煤的明显变小,呈箱形,峰顶有锯齿状起伏;声波时差曲线幅值高,呈箱形,顶部较为平滑;视电阻率曲线幅值较原生结构煤的增幅变化不明显,呈台阶状。

③ 对于碎粒煤～糜棱煤,自然伽马、密度曲线幅值较碎裂煤的变化不明显,形态相似;声波时差曲线幅值较碎裂煤的明显增大,顶部有微波状起伏;视电阻率曲线较碎裂煤的增幅明显,呈凸形,顶部有大幅度波状起伏。

(2) 煤体性质分异及测井响应敏感参数

煤层的煤岩类型、裂隙、水分、放射性元素含量等是影响煤体结构测井响应的主要因素。采集 Y2-1 刻度钻井垂向上 13 个不同结构煤体样品,结合井下实测的煤体内生裂隙密度和宏观煤岩类型,测试煤样的内在水分含量(M_{ad})、灰分产率(A_{ad})、显微组分(镜质组、壳质组、惰质组)以及 U、Th、K 含量(表 4-3)。

表 4-3　Y2-1 井煤样测试结果

煤体结构 类型	割理密度 (条/5 cm)	镜质组 /%	灰分产率 A_{ad}/%	放射系数 A	内在水分 M_{ad}/%
原生结构煤	4～7	29.3～89.7/49.6	10.01～35.26/21.76	0.17～0.33/0.23	0.98～1.15/1.05
碎裂煤	10～14	42.7～63.2/52.9	14.25～15.09/14.6	0.17～0.19/0.18	0.87～1.23/1.00
碎粒煤	10～16	26.3～95/63.8	8.14～13.75/11.37	0.11～0.18/0.17	0.96～1.11/1.03

采用岩石的自然伽马放射性系数 A,即每克岩石每秒由 U、Th、K 放射性同位素发射的伽马光子总数来表征自然伽马测井值[式(4-3)]。将 U、Th、K 含量代入式(4-3)计算垂向上 13 个样品的无量纲 A 值(表 4-3)。

$$A = A_U W_U + A_{Th} W_{Th} + A_K W_K \qquad (4\text{-}3)$$

式中,A_U、A_{Th}、A_K 为 U、Th、K 三种元素每克物质每秒放出的伽马光子数;W_U、W_{Th}、W_K 为 U、Th、K 三种元素的质量百分比,%。

Y2-1 刻度井原生结构煤以半暗煤、暗淡煤为主,含少量半亮煤;碎裂煤以半亮煤、半暗煤为主;碎粒煤~糜棱煤以半亮煤为主,含少量亮煤,其镜质组分含量明显大于碎裂煤和原生结构煤镜质组分含量(图 4-5)。半亮煤和光亮煤性脆,容易破碎,密度小;而暗淡煤和半暗煤致密坚硬,韧性大,密度大,在原位应力下不易遭受破坏变形。从底部到顶部,镜质组含量逐渐减少,惰质组含量增加,煤岩显微组分分异造就煤层物性的非均质性。

原生结构煤以暗淡煤、半暗煤为主,灰分产率高。原生结构煤因吸附离子而造成导电异常,电阻率减小。裂隙发育降低煤体密度和放射性系数;煤体破碎,声波波阻抗增大,波速减小,声波时差增大。相对原生结构煤,碎裂煤、碎粒煤裂隙发育,割理密度明显增大,放射性系数明显减小,内在水分含量无明显分异。

综上所述,煤体结构割理密度、显微组分、灰分产率及放射性系数具有明显分异性,与测井响应相关性良好(图 4-6)。原生结构煤煤层完整,裂隙不发育,测井响应为高密度、低声波时差值;碎粒煤~糜棱煤破坏严重,裂隙发育,测井响应为低密度、高声波时差值[图 4-6(a)]。原生结构煤放射性系数、灰分产率最高,碎粒煤的最低,因此原生结构煤测井响应为高自然伽马、低视电阻率值,碎粒煤测井响应则为低自然伽马、高电阻率值[图 4-6(b)]。

(3)测井响应敏感性参数

如前所述,宏观煤岩类型、裂隙密度、灰分产率、放射性系数随煤体结构呈"跃变式"变化。例如,碎裂煤、碎粒煤的裂隙密度明显大于原生结构煤的,而碎裂煤与碎粒煤裂隙密度值相近,煤体结构测井响应可能亦呈现类似变化规律。

采用箱形图和 Fisher 最大分离准则[式(4-4)],分别筛分识别刻度井原生结构煤与碎裂煤、碎裂煤与碎粒煤~糜棱煤敏感测井响应。煤体结构测井曲线响应值(I_j)越大,测井响应越敏感。

$$I_j = (\overline{x}_{Aj} - \overline{x}_{Bj})^2 / \Big[\sum_{i=1}^{n_A} (x_{Aij} - \overline{x}_{Aj})^2 + \sum_{i=1}^{n_B} (x_{Bij} - \overline{x}_{Bj})^2 \Big] \qquad (4\text{-}4)$$

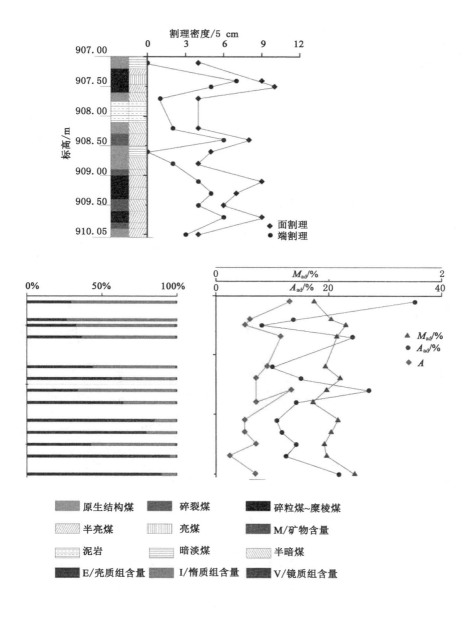

图 4-5　Y2-1 井 8 号煤层物质组成、割理-煤体结构柱状图

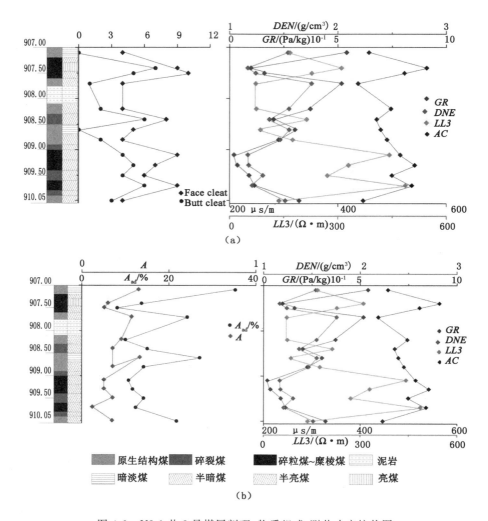

图 4-6　Y2-1 井 8 号煤层割理、物质组成-测井响应柱状图

式中，x_{Aij} 为 A 类煤体结构煤 j 测井曲线的第 i 个样本值；x_{Bij} 为 B 类煤体结构煤 j 测井曲线的第 i 个样本值；$\overline{x}_{Aj}$ 为 A 类 j 曲线元素所有样本数据的平均值；$\overline{x}_{Bj}$ 为 B 类 j 曲线元素所有样本数据的平均值。

实测观测刻度井煤体结构，间隔 0.15 m 共提取 41 个分层原生结构煤、29 个分层碎裂煤、48 个分层碎粒煤的测井响应值（图 4-7）。

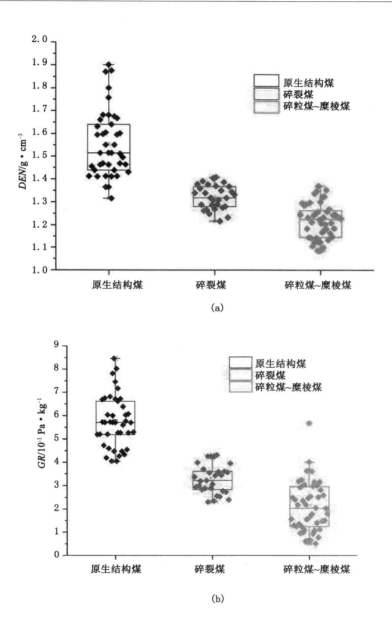

图 4-7　刻度井 8 号煤层测井响应箱型图

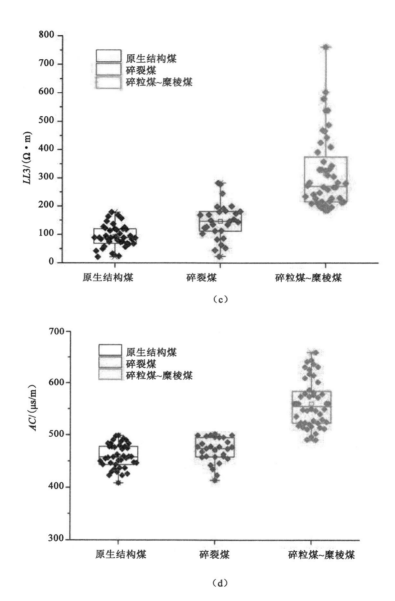

（c）

（d）

图 4-7 （续）

原生结构煤密度测井、自然伽马测井明显大于碎裂煤的,且大部分数据点位于碎裂煤数据点的上方,重叠数据少[图 4-7(a)和(b)]。归一化测井数据,采用 Fisher 最大分离准则计算识别原生结构煤与碎裂煤自然伽马、密度、电阻率、声波时差测井响应值为 0.09、0.05、0.03、0.004。测井响应值越大表明不同煤体结构同一测井响应值间的差别越大,识别煤体结构测井响应越敏感。识别原生结构煤与碎裂煤的敏感响应为自然伽马、密度,电阻率次之。

碎粒煤~糜棱煤声波时差测井、视电阻率测井数值点大部分位于纵坐标轴的上部,基数值点明显高于测井数值相近的碎裂煤和原生结构煤的[图 4-7(c)和(d)]。碎粒煤~糜棱煤和碎裂煤 AC 分别为 $490.15\sim658.99$ $\mu m/s$ 和 $413.64\sim501.63$ $\mu m/s$,AC 重叠数值为 $490.149\sim501.633\,5$ $\mu m/s$。这两种煤的 $LL3$ 分别为 $184.68\sim759.89$ Ω/m 和 $22.96\sim282.40$ Ω/m,$LL3$ 重叠数值为 $184.68\sim282.40$ Ω/m,重叠数据区间小。

采用 Fisher 最大分离准则计算的碎裂煤与碎粒煤~糜棱煤声波时差、视电阻率、自然伽马、密度测井响应值为 0.07、0.04、0.02、0.009。识别碎裂煤与碎粒煤~糜棱煤的敏感响应为声波时差和视电阻率,自然伽马次之。

（4）煤体结构数值预测模型

如图 4-8(a)所示,碎裂煤 DEN 和 GR 数值点主要集中在坐标轴的右中部,数值点分布跨度较小;原生结构煤 DEN 和 GR 数值点位于坐标轴左上部,数值点分布跨度大;原生结构煤和碎裂煤的 DEN、GR 值呈良好线性正相关。如图 4-8(b)所示,碎裂煤 AC 和 $LL3$ 数值点主要集中在坐标轴中下部;碎粒煤~糜棱煤 AC 和 $LL3$ 数值点位于坐标轴左上部,数值点分布跨度大;碎裂煤与碎粒煤~糜棱煤 AC 与 $LL3$ 值呈指数正相关。

为减小测井响应数值重合带来的误差,组合 DEN、GR 及 $LL3$ 可识别原生结构煤和碎裂煤,组合 AC、$LL3$ 及 GR 可识别碎裂煤和碎粒煤~糜棱煤。基于放大敏感性测井响应的原理,分别建立煤体结构识别数学模型,得到煤体结构识别指数 I_1[见式(4-5)]和 I_2[见式(4-6)]。调整测井响应值,使其为一个数量级,且都大于 1。原生结构煤 DEN 值、GR 值大,$LL3$ 值小。为使 $DEN\times GR$ 变得更大,$LL3$ 变得更小,采用指数进行调整,二者相除又一次放大了测井响应组合数值[式(4-5)]。而碎裂煤 DEN 值、GR 值小,$LL3$ 值大,其测井组合数值会变得更小。因此可以建立原生结构煤与碎裂煤识别模型[式(4-5)]。同理,建立碎裂煤与碎粒煤~糜棱煤识别模型[式(4-6)]。

识别原生结构煤与碎裂煤数学模型为:

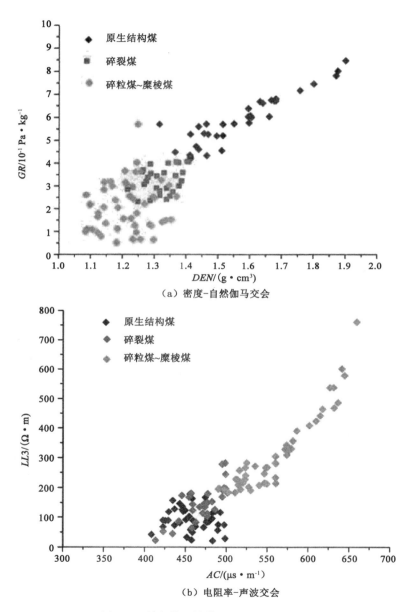

（a）密度-自然伽马交会

（b）电阻率-声波交会

图 4-8　刻度井 8 号煤层测井响应交会图

$$I_1 = \frac{(DEN \times 10GR)^a}{(LL3)^{\frac{1}{a}}} = \frac{(DEN \times 10GR)^3}{(LL3)^{\frac{1}{3}}} \tag{4-5}$$

识别碎裂煤与碎粒煤～糜棱煤数学模型为：

$$I_2 = \frac{(0.01LL3 \times 0.01AC)^b}{(10GR)^{\frac{1}{b}}} = \frac{(0.01LL3 \times 0.01AC)^2}{(10GR)^{\frac{1}{2}}} \tag{4-6}$$

式(4-3)中，a、b 常数的选取，可以克服敏感性较低的 $LL3$ 对识别原生结构煤与碎裂煤的干扰，且确保原生结构煤 I_1 一直大于碎裂煤的。取刻度井原生结构煤$(DEN \times GR)/LL3$ 最小值和碎裂煤$(DEN \times GR)/LL3$ 最大值的对应响应值，并把其带入式(4-5)。当调整常数 a（整数）为 3 时，此时，原生结构煤的 I_1 值大于或等于碎裂煤的。同理求出式(4-4)中 b 为 2。I_1 与煤体破坏程度负相关。通过计算，刻度井原生结构煤 I_1 最小值为 44.28，即 I_1 大于或者等于 44.28 时为原生结构煤。I_2 与煤体破坏程度正相关。通过计算刻度井碎粒～糜棱煤 I_2 最小值为 33.21，即 I_2 大于或者等于 33.21 时为碎粒～糜棱煤。间隔 0.15 m 提取钻井相应测井数据，采用式(4-5)和式(4-6)分别识别出原生结构煤和碎粒～糜棱煤，剩余层段为碎裂煤(图 4-9)。

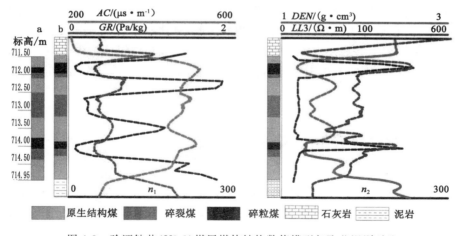

图 4-9　验证钻井(Y3-1)煤层煤体结构数值模型与取芯识别对比

　　Y3-1 验证井 8 号煤层煤体结构从底部到顶部为原生结构煤、碎裂煤、碎粒煤、原生结构煤、碎裂煤、原生结构煤、碎裂煤、碎裂煤和原生结构煤。预测原生结构煤、碎裂煤、碎粒煤～糜棱煤准确率分别为 88%、68%、90%。测井识别数学模型识别结果与实际观测结果较为吻合(表 4-4)。

表 4-4 验证钻井 Y3-1 数值模型识别与实测钻井煤体结构对比

钻孔编号	原生结构煤			碎裂煤			碎粒煤～糜棱煤		
	实测分层厚度/m	识别分层厚度/m	准确率	实测分层厚度/m	识别分层厚度/m	准确率	实测分层厚度/m	识别分层厚度/m	准确率
Y3-1	0.30	0.20	50%	0.19	0.15	73%	0.15	0.3	50%
	0.41	0.50	82%	0.65	0.5	70%	0.30	0.2	50%
	0.55	0.70	79%	0.35	0.25	60%	/	/	/
	0.55	0.65	85%	/	/	/	/	/	/
总厚度	1.81	2.05	88%	1.19	0.9	68%	0.45	0.5	90%

8 号煤层顶部普遍发育厚层灰岩,灰岩视电阻率远高于煤层的,使得煤层视电阻率测井曲线发生畸变,呈指状,起伏较大,这造成测井识别数学模型识别煤体结构的不确定性。Y3-1 钻井上部煤体结构识别误差可能与此有关。

在煤层顶、底板或夹矸与煤层分界处,受临层和测井分辨率的影响,提取煤层测井数据往往出现较大的误差。例如,图 4-9 所示的顶板与煤层交界处自然伽马值达到了 0.87 Pa/kg,密度值为 1.90 g/cm³。温度、压力、煤层流体等的干扰,也会造成测井识别煤体结构的误差,且这些因素目前很难克服。但采用集成敏感测井曲线仍能够较为准确地识别 8 号煤层煤体结构。除受上述影响外,测井识别模型识别煤体结构精确度较高,模型运算较为简单,实际生产中可操作性强。

4.2 煤体结构预测实例分析

采用前文提出的煤体结构识别方法,基于 5 口刻度井测井数据,识别了 31 口有测井曲线,但没有取芯的测井的煤体结构。8 号煤层煤体结构识别结果见图 4-10。

8 号煤层普遍含 1～3 层夹矸,该煤层由 4～12 个煤体结构分层组成。在层域上,原生结构煤、碎裂煤、碎粒煤～糜棱煤厚度比例分别为:0～68.97%、0～79.69%、0～82.99%;其厚度比例平均为:30.46%、35.81%、33.74%;其厚度比例异常指数分别为:0.52、0.47、0.48。原生结构煤＋碎裂煤厚度比例为 17%～100%,其平均为 66.27%。

煤体结构主要为原生结构煤和碎裂煤。从煤体厚度比例异常指数来看,

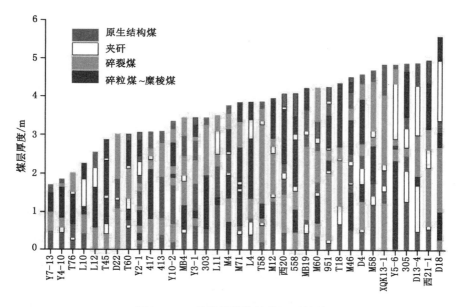

图 4-10　8 号煤层煤体结构识别结果

原生结构煤分布较为稳定,碎粒煤～糜棱煤非均性更强。位于断层带上的 T45 钻孔的碎粒煤～糜棱煤所占比例达到 82.99%。

　　构造煤发育程度与煤层厚度之间一般呈正相关趋势。对于分叉煤层,同一煤层厚度的横向变化与煤层破坏的程度亦呈正相关关系。将钻孔依煤层厚度依次排列,亦得出类似结论。煤层结构对煤体发育有一定作用,其主要是限制煤体的层域分布。

　　在层域上,碎裂煤和碎粒煤相间发育于煤层的中部,原生结构煤一般发育于煤层的顶部、底部;少量钻井顶部亦有碎粒煤发育,煤层结构复杂,非均质性强。8 号煤层普遍发育 1～2 层的稳定夹矸,煤层结构复杂。

4.3　煤体结构分布预测

　　基于 5 口刻度井及 1 口验证井,建立煤体结构预测模型,进而依据 31 口井煤体结构预测结果分析 8 号煤层可改造性及其区域分布。

　　集成敏感测井响应,识别 31 个补充勘探钻孔的煤体结构,绘制 8 号煤层中原生结构煤、碎裂煤和碎粒煤～糜棱厚度等值线如图 4-11、图 4-12、图 4-13 所示。

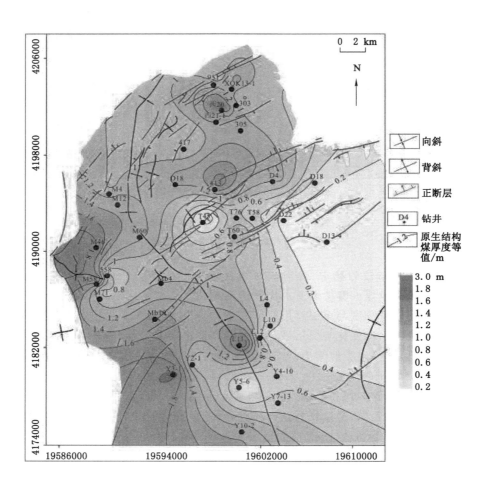

图 4-11 8 号煤层原生结构煤厚度等值线

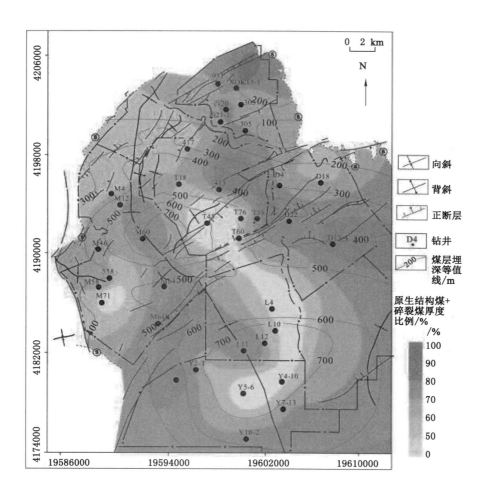

图 4-12 8 号煤层碎裂煤厚度等值线

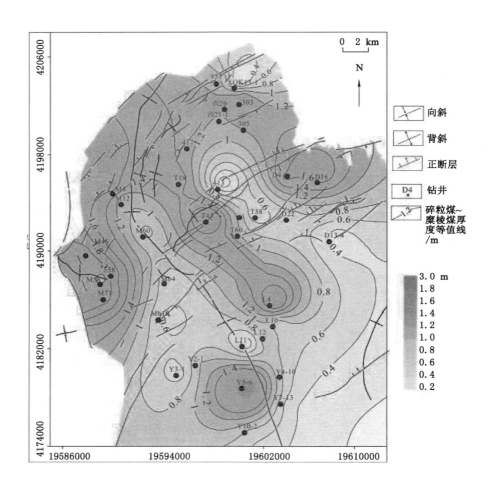

图 4-13 8 号煤层碎粒煤~糜棱煤厚度等值线

如图 4-11 所示,原生结构煤厚度介于 0～2.68 m 之间。西部、西北部原生结构煤较厚,其厚度为 0.8～1.8 m,沿 NE 向构造带厚度小,如 D4、T45 至 558 钻井的原生结构煤厚 0.8 m 左右。东部、东南部煤层夹矸厚达 0.72～1.72 m,受夹矸影响,原生结构煤厚度一般为 0.8 m 以下,钻井煤体结构呈多层分布。

宽缓的马兰向斜和 NE 向断裂带控制着碎裂煤的展布。马兰向斜西陡东缓,西翼倾角为 11°～27°,东翼倾角为 6°～14°,两翼不对称;NE 方向断裂密集。碎裂煤主要发育于 NS 方向马兰向斜轴部附近以及 NE 向断裂密集区。马兰向斜轴部附近,挤压较为强烈,煤层遭受破坏,如 M60、MB4、MB19 钻孔碎裂煤厚度介于 1.2～2 m 之间。如图 4-12 所示,东部 D18、D22、T58 钻井附近,东北部 951、XQK13-1、305 钻井附近断层密集,构造应力较大,碎裂煤发育,碎裂煤厚度分别介于 1～2.4 m 和 2～3 m 之间。原生结构煤＋碎裂煤厚度比例亦沿着马兰向斜轴部呈带状分布;在马兰向斜的两翼以及构造发育的东北部,其厚度比例小,煤层破坏变形严重。据上述分析可见,褶皱和断层是控制煤体结构发育的关键因素。

碎粒煤～糜棱煤与碎裂煤分布规律类似。忽略煤厚自身影响前提下,碎粒煤的发育亦受 NS 方向马兰向斜和 NE 向断层的影响,在区域上与碎裂煤呈 NS 和 NE 向相间分布。马兰向斜西翼煤层倾角较大、断层较少,东翼煤层倾角小、断层发育。碎粒煤总体上沿马兰向斜轴部呈条带状分布。受马兰向斜轴部挤压和东翼断层影响,沿 NS 方向马兰斜轴部 T45、L4 钻井附近形成了一个厚为 1～1.4 m 的碎粒煤分布带。马兰向斜轴部的转折端 558、M4 钻井附近煤层倾角大,小断层发育,此处形成了另一个碎粒煤分布带。如图 4-13所示,总体上受马兰向斜、断层、煤层倾角以及煤层厚度的综合影响,马兰向斜两翼碎粒煤发育,且北部较南部发育明显。

煤体结构分布还受煤层埋深的影响。图 4-14 显示原生结构煤＋碎裂煤厚度比例趋势与煤层埋深等值线斜交,这说明煤层埋深不是影响煤体结构分布的主要因素。在 SN 向上,原生结构煤＋碎裂煤厚度比例受煤层"北浅南深"的影响呈现北部大、南部小的特点;在 EW 向上,受马兰向斜的控制,煤层埋深与煤体结构之间无明显规律可循。

总体来讲,褶皱、断裂发育,煤层普遍含夹矸,煤层埋深北浅南深,煤层厚度呈北厚南薄规律,煤体结构发育不均衡,煤层非均质性强。其中东南部以 Y4-10 钻井为中心的区域煤层厚度小,构造不发育,地层倾角小,碎裂煤和碎粒煤均不发育。

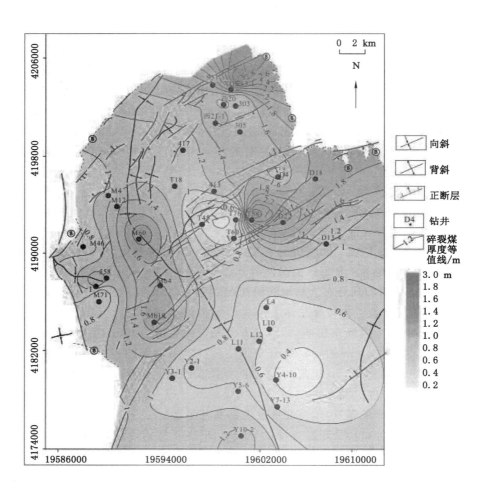

图 4-14 8 号煤层原生结构煤＋碎裂煤厚度比例分布

第5章 煤体变形机理研究

　　基于煤体结构地质控制和钻孔煤体结构预测，定量化煤体变形的控制因素，采用 Matlab 软件计算和分析影响碎粒煤～糜棱煤层域分布因素的总灰色关联度，确定影响煤体结构层域分布因素。利用差分法计算煤层底板等高线构造曲率，来预测煤层受力状态、煤层变形程度甚至煤层渗透率的变化。从煤岩变形的力学机制出发，采用 FLAC³ᴰ 软件模拟煤岩体应力-应变的过程，分析煤体结构宏观变形的力学机理。以古交区块 8 号煤层为例阐述煤体变形机理及煤层渗透率特征。

5.1　煤体变形控制因素分析

　　相关研究表明，构造煤形成地质因素包括煤层的岩石力学性质和受力条件两方面。其中，与煤岩力学性质有关的因素主要包括煤厚、煤层结构、煤质、围岩、温度、围压、时间等。煤层受力条件主要包括褶皱和断层。在研究褶皱、断层发育方面，以往其与煤层变形的关系局限于定性分析。利用煤层底板等高线曲度值精细描述煤层底板褶皱形态，分析煤层受力状态，定量描述构造对煤体变形的控制作用。煤层底板构造曲率法虽然不能直接考虑断层因素，但是断层往往造成煤层底板等高线发生大的错动，导致煤层底板构造曲率出现异常。因此，构造曲率法能够同时考虑褶皱与断层对煤体变形的控制作用。

5.1.1　煤岩力学因素

　　基于前面章节识别的钻井煤体结构，统计古交区块 8 号煤层 36 口钻井（包括 5 口刻度井）碎粒煤～糜棱煤所占厚度比值、煤层厚度、夹矸层数、夹矸厚度、围岩岩体强度因子、煤层埋深等（表 5-1）。采用内差法绘制经过各钻孔的煤层底板等高线，从底板等高线图上量取钻孔煤层倾角。

表 5-1　碎粒煤～糜棱煤层域分布控制因素

钻孔号	碎粒煤～糜棱煤比例/%	煤层厚度/m	夹矸层数	夹矸厚度/m	强度因子	煤层埋深/m	煤层倾角/(°)
D4 *	39.19	4.59	2	0.50	4.90	309	3.5
D18	43.79	5.57	1	1.58	3.57	281.25	3
D13-4	10.42	4.89	2	2.49	5.61	431.57	3.2
D22	23.91	3.01	1	0.06	5.11	326.86	4.5
T18	38.92	4.35	2	0.52	5.19	312.87	2
417	43.18	3.07	1	0.10	4.38	246.76	2
413	0.00	3.09	0	0.00	5.72	313.80	1
T58	10.19	3.86	2	0.18	5.72	499.51	3
T45	83.00	2.87	3	0.40	2.32	401.31	9.5
T60	35.12	3.01	3	0.42	4.99	574.89	5
T76	41.01	2.01	2	0.14	3.38	479.48	4
303	40.53	3.45	0	0.00	2.99	281.22	4
951	25.34	4.25	4	0.28	5.05	280.20	8
XQK13-1	0.00	4.85	2	0.30	6.12	111.95	7
曲 20 *	36.46	4.07	2	0.21	5.23	312.23	4
曲 21-1	27.71	4.96	2	0.56	4.89	224.03	4
305	24.59	4.88	1	0.50	3.64	224.98	4
M58	22.52	4.70	2	0.39	5.64	511.95	7
M12	28.05	3.95	2	0.27	5.32	544.67	8
M46 *	40.42	4.51	2	0.15	4.89	149.67	12
M60	17.48	4.22	2	0.21	5.58	668.34	6
M71	63.63	3.84	3	0.25	4.45	550.77	7
MB4	19.81	3.44	2	0.25	5.05	587.05	8
MB19	14.15	4.22	2	0.35	5.89	657.09	6
558	52.02	4.08	2	0.27	2.39	521.65	13
M4	46.15	3.76	2	0.12	4.24	512.99	14
L4	66.67	3.85	2	0.85	4.01	529.7	15
L10	39.22	2.25	1	0.72	5.24	762.2	4
L11	6.90	3.50	1	0.60	5.87	758.4	2

表5-1(续)

钻孔号	碎粒煤~糜棱煤比例/%	煤层厚度/m	夹矸层数	夹矸厚度/m	强度因子	煤层埋深/m	煤层倾角/(°)
L12	50.98	2.54	1	0.50	3.82	878.8	9
Y4-10	45.16	1.85	1	0.15	3.23	877.4	8
Y2-1*	42.55	3.06	1	0.35	4.32	910.05	1
Y5-6	70.59	4.85	1	1.45	3.01	1 002.4	16
Y10-2*	20.90	3.35	0	0.00	5.34	898.3	1
Y3-1	14.49	3.45	0	0.00	5.88	714.95	2
Y7-13	29.41	1.70	0	0.00	4.95	849.9	1

注:带 * 号为编录煤体结构的刻度井。

5.1.2　煤层受力因素

研究区内发育的大型褶皱、顺层断层通常是控制煤体结构区域分布的主要因素。采用煤层底板构造曲率来定量化阐述煤层受力变形特征,间接反映地质构造对煤层变形的控制。曲率是反映线或面弯曲程度的量化参数。构造曲率值反映岩层由于应力不均作用导致的变形程度,是地质构造几何形态的数学定量描述。煤层底板构造曲率 k 的计算公式为:

$$k = \frac{1}{R} = \frac{\dfrac{\partial^2 f}{\partial x^2}}{\left[1 + \left(\dfrac{\partial f}{\partial x}\right)^2\right]^{\frac{3}{2}}} \tag{5-1}$$

采用差分分析法计算煤层底板构造曲率,对煤层底板等高线某一方向进行差分:

$$\frac{\partial f}{\partial x} = \frac{f(x_{i+1}, y_j) - f(x_{i-1}, y_j)}{2\Delta h} \tag{5-2}$$

$$\frac{\partial^2 f}{\partial x^2} = \frac{f(x_{i+1}, y_j) - f(x_{i-1}, y_j) - f(x_i, y_j)}{\Delta h^2} \tag{5-3}$$

式中　　k——煤层底板构造曲率;

$\dfrac{\partial f}{\partial x}$——煤层底板等高线函数。

将式(5-2)和式(5-3)差分结果代入式(5-1)后计算煤层底板构造曲率。如图 5-1 所示,计算 F 点的构造曲率,有 AJ、EG、CH 和 BI 等 4 个方向。因为

煤层所受最大拉张或者挤压与各方向上曲率最大绝对值的一致性,所以取 F
点曲率最大绝对值作为该点的曲率,即:

$$k_F = \begin{cases} k_i & |k_i| \geqslant |k_j| \\ k_j & |k_i| < |k_j| \end{cases} \qquad (5\text{-}4)$$

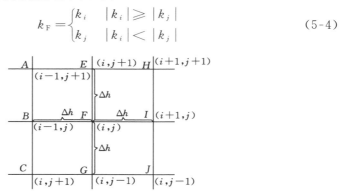

图 5-1　网格差分计算

将古交区块 2 号、8 号煤层底板等高线图均分为 676 个正方形网格。求
取每个方格节点的构造曲率绝对值最大的数值。如表 5-2 所示,2 号煤层构
造曲率介于 $-297.959 \sim 292.637 \times 10^{-6}$ 之间,构造曲线平均值为 2.75×10^{-6},
构造曲率绝对值的异常指数为 0.966;8 号煤层构造曲率介于 $-377.202 \times$
$10^{-6} \sim 302.152 \times 10^{-6}$ 之间,构造曲率平均值为 3.31×10^{-6},构造曲率绝对值
的异常指数为 0.973,这表明区内煤层受力和煤体变形非均质性强。受埋藏深
度的影响,2 号煤层构造曲率普遍小于 8 号煤层的,这表明随着埋深的增加,
煤层受力更强烈,煤体变形程度亦可能加剧(见图 5-2 和图 5-3)。各煤层在同
一地质背景下,弯曲程度虽有差异,但构造曲率分布趋势基本一致。

表 5-2　2 号、8 号煤层构造曲率异常指数值

煤层	异常指数/W	曲率绝对值/($\times 10^{-6}$)		
		最小	最大	平均
2 号	0.966	0.615	297.959	26.407
8 号	0.973	1.223	377.202	33.154

负构造曲率区域表明煤层受到挤压作用,正构造曲率区域反映煤层受到
拉张应力作用。古交区块内 2 号、8 号煤层负构造曲率主要分布马兰向斜的
轴部和两翼附近以及地垒、地堑发育的东北部。古交区块的东南部构造不发
育,其构造曲率值较小甚至为零,表明本区煤层受拉张应力较小。

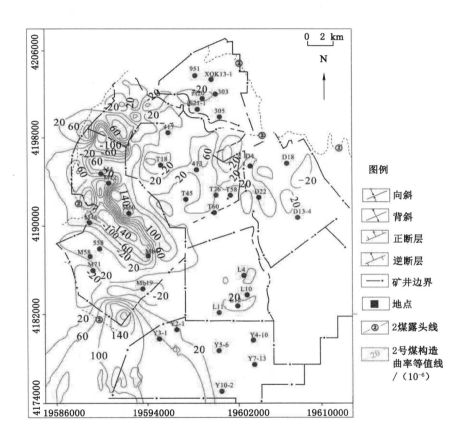

图 5-2　古交区块 2 号煤层构造曲率分布

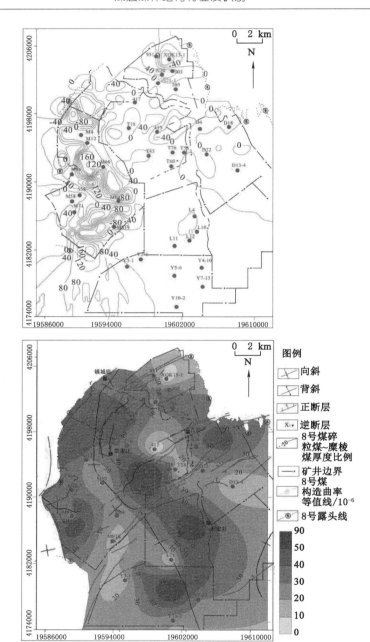

图 5-3 古交区块 8 号煤构造曲率与煤体结构分布对比

5.2　煤体变形控制因素相关性分析

　　针对煤体结构的形成的控制多侧重于岩石力学性质或者受力条件的定性研究,定量化分析较少。从岩石力学性质出发,采用灰色关联度方法定量化筛分古交区块 8 号煤层构造煤层域分布的主控因素;从煤岩受力条件出发,采用构造曲率定量评价煤体结构区域分布特征;定量化评价煤体结构层域与区域分布主控因素及其耦合关系。

5.2.1　煤体结构层域分布控制因素筛分

　　以钻孔中碎粒煤～糜棱煤所占厚度比例为煤体结构层域分布参数(X_0)。煤体结构层域分布控制参数主要有煤层厚度、夹矸层数、夹矸厚度、岩层强度因子、煤层埋深以及煤层倾角等($X_i, i = 1, 2, \cdots, 6$)。采用下列灰色关联度方法定量化评价煤体结构层域的分布因素。

　　(1)绝对灰色关联模型

　　求 X_0 与 $X_i (i = 1, 2, \cdots, n)$ 的始点零化像 $X_i^0 (i = 0, 1, 2, \cdots, n)$。其公式为:

$$X_i^0 = [x_i(1) - x_i(1), \ x_i(2) - x_i(1), \ x_i(3) - x_i(1) \cdots, \ x_i(n) - x_i(1)]$$
$$= [X_i^0(1), \ X_i^0(2),), \cdots X_i^0(n)], (i = 0, 1, \cdots, n) \tag{5-5}$$

求 $|S_0|$,$|S_i|$ 和 $|S_{i-}S_0|$。其公式为:

$$|S_0| = \left| \sum_{k=2}^{n-1} x_0^0(k) + \frac{1}{2} x_0^0(n) \right| \tag{5-6}$$

$$|S_i| = \left| \sum_{k=2}^{n-1} x_i^0(k) + \frac{1}{2} x_i^0(n) \right| \tag{5-7}$$

$$|S_i - S_0| = \left| \sum_{k=2}^{n-1} (x_i^0(k) - (x_0^0(k)) + \frac{1}{2} (x_i^0(n) - x_0^0(n) \right| \tag{5-8}$$

求各灰色关联度 ε_{0i}。其公式为:

$$\varepsilon_{0i} = \frac{1 + |S_0| + |S_i|}{1 + |S_0| + |S_i| + |S_i - S_0|} \tag{5-9}$$

　　(2)相对灰色关联模型

　　求 X_0 与 $X_i (i = 1, 2, \cdots, m)$ 的初值像 $X_i'(i = 0, 1, 2, \cdots, m)$。其公式为:

$$X_i' = \frac{X_i}{X_i(1)} = \left(\frac{X_i(1)}{X_i(1)}, \frac{X_i(2)}{X_i(1)}, \cdots, \frac{X_i(n)}{X_i(1)} \right) (i = 0, 1, 2, \cdots, m) \tag{5-10}$$

求 $X_i'(i=0,1,2,\cdots,m)$ 始点零化像 $X_i'^0(i=0,1,2,\cdots,m)$。其余计算原理同上。相对灰色关联模型为：

$$\gamma_{0i} = \frac{1 + |S_0| + |S_i|}{1 + |S_0| + |S_i| + |S_i - S_0|} \tag{5-11}$$

（3）综合关联度模型

综合关联度模型为：

$$\rho_{0i} = \theta\varepsilon_{0i} + (1-\theta)r_{0i} \qquad \theta \in [0,1] \tag{5-12}$$

式中　ε_{0i}——绝对关联度；

　　　　r_{0i}——相对关联度；

　　　　θ——平衡绝对和相对关联度的参数，取值 $0\sim1$。

参考以前研究成果，θ 取 0.6。

（4）综合关联序列

对表 5-1 中数据进行综合关联度计算，其结果见表 5-3。

表 5-3　控制煤体结构层域分布因素关联序列

控制参数	夹矸厚度 (x_1)	煤层厚度 (x_2)	夹矸层数 (x_3)	煤层倾角 (x_4)	岩层强度因子 (x_5)	煤层埋深 (x_6)
与碎粒煤～糜棱煤绝对关联度	0.51	0.58	0.54	0.50	0.52	0.50
与碎粒煤～糜棱煤相对对关联度	0.97	0.88	0.86	0.51	0.71	0.51
与碎粒煤～糜棱煤综合关联度	0.69	0.70	0.67	0.50	0.60	0.50
关联序列	煤层厚度＞夹矸厚度＞夹矸层数＞强度因子＞煤层埋深≥煤层倾角					

表 5-3 表明，煤层厚度、夹矸厚度、夹矸层数对碎粒煤～糜棱煤层域分布影响最大，其次为岩层强度因子和煤层埋深。控制碎粒煤～糜棱煤层域分布的最重要因素为煤层厚度，而夹矸厚度、夹矸层数则影响煤层总厚度和破坏煤层的连续性。因此，夹矸厚度、夹矸层数与煤厚对煤层结构层域分布的控制本质上是一样的。岩层强度因子越小，煤层围岩及煤层抵抗变形的能力越弱，煤体变形越强烈，碎粒煤～糜棱煤越发育。煤层埋深相对于上述因素而言，对碎粒煤～糜棱煤层域分布控制要弱得多。

除受夹矸以及煤层厚度等影响外，宏观煤岩类型也是影响煤岩力学性质的重要因素。暗淡煤和半暗煤致密坚硬，韧性大，密度大，在应力下不易遭受破坏变形；半亮煤和光亮煤呈脆性，容易破碎。钻孔中碎粒煤～糜棱煤厚度比例异常点可能与宏观煤岩类型影响有关。由表 5-1 可知，在层域上，碎粒煤～糜棱煤分布呈强非均质性，控制因素复杂。

5.2.2　煤体结构区域分布控制因素

采用克里格差值算法绘制古交区块碎粒煤～糜棱煤厚度比例分布，并绘制两条相交的煤体结构连井剖面(图 5-4)。在层域上，碎粒煤～糜棱煤主要分布在马兰向斜两翼[图 5-4(a)]，远离马兰向斜碎粒煤～糜棱煤厚度比例明显较小[图 5-4(b)]。8 号煤层现代最大主应力以拉张应力为主，煤层以脆性变形为主，碎粒煤发育，糜棱煤所占比例极少。

在同一构造地质背景下，构造曲率可定量化表征煤层构造发育特征和受力的相对大小。8 号煤层底板等高线构造曲率以正值为主，负值曲率构造局部发育(图 5-2 和图 5-3)。构造曲率负值分布于马兰向斜的轴部附近及靠近轴部的西翼；东翼构造曲率主要为正值或者为零；这与马兰向斜两翼极不对称，呈"波状"起伏的特征相一致(图 5-2 和图 5-3)。构造曲率负值在 NE 向张扭性正断层分割的条块之间也有分布(图 5-2 和图 5-3)。例如，在伴生褶皱发育、断层密集的古交区块东北部，规模不等的 NE 向张扭性断层形成地垒或者地堑状构造，可能受断层上、下盘差异化应力及运动位移和小褶皱的影响，煤层底板构曲率显现负值，这反映煤层局部受挤压应力。在近 NE 向张扭性断层较发育的东南部，构造曲率值为较小的正值或者为零，这反映煤层受拉张应力较小。总体而言，构造曲率定量表征断层和褶皱对煤层变形的控制是可行的。

构造曲率反映煤层变形弯曲程度。构造曲率绝对值越大，煤层受力越大，侧面反映了煤体遭受的破坏程度。在区域上，煤体结构与煤层底板构造曲率绝对值呈正相关性。构造曲率绝对值越大，煤体结构越发育(表 5-4 和图 5-5)。南部、东部远离马兰向斜，受褶皱影响微弱，断层不发育，构造曲率绝对值极小，煤层变形弱，碎粒煤～糜棱煤不发育(图 5-3)。然而，在构造曲率绝对极小值的向斜东翼，煤体结构局部发育异常，碎粒煤～糜棱煤厚度比例达到 80%(表 5-4，图 5-3 和图 5-5)。分析其原因可能是向斜东翼构造曲率虽小，但受透入性顺层剪切应力作用影响，煤层经受剪切破坏，碎粒煤～糜棱煤普遍发育；其中 T45、L4 钻孔又受夹矸、煤厚以及宏观煤岩类型复合影响，碎粒煤～糜棱煤尤为发育。煤层底板等高线曲度较小，构造曲率绝对值总体较小，这反映煤层变形不强烈，煤体结构主要为碎裂煤和碎粒煤。

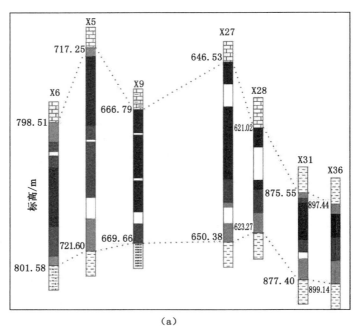

（a）

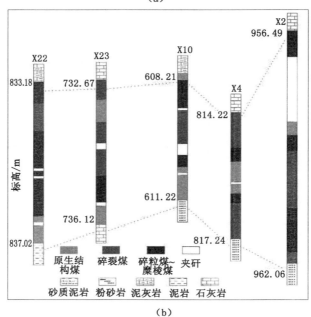

（b）

图 5-4　古交区块煤体结构井剖面

表 5-4　8 号煤层构造曲率与碎粒煤～糜棱煤厚度比例对比

构造曲率区间 /($\times 10^{-6}$)	碎粒煤～糜棱煤 厚度比例范围/%	构造曲率区间 /($\times 10^{-6}$)	碎粒煤～糜棱煤 厚度比例范围/%
$-240\sim-120$	$30\sim40$	$40\sim80$	$15\sim32$
$-120\sim-80$	$22\sim37$	$80\sim120$	$17\sim36$
$-80\sim-40$	$19\sim39$	$120\sim160$	$22\sim38$
$-40\sim0$	$17\sim41$	$160\sim200$	$29\sim39$
$0\sim40$	$0\sim80$	$200\sim240$	$35\sim40$

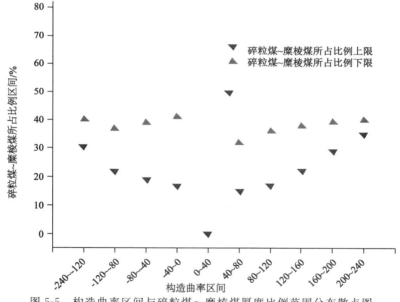

图 5-5　构造曲率区间与碎粒煤～糜棱煤厚度比例范围分布散点图

　　综上所述,煤层煤体结构在层域和区域上呈现强烈的非均质性。在层域上,影响煤体结构的主要因素有煤层厚度和煤层结构特征。在区域上,控制煤体结构分布的主要因素为煤层受力特征,即煤层底板等高线构弯曲的程度——构造曲率的大小。煤层受力条件可以归结为煤体变形的外因,而煤岩力学条件可以归结为煤体变形的内因。煤体结构结构分布是内因、外因的共同作用的结果。例如,马兰向斜东翼以及古交南部构造曲率值小,碎粒煤～糜棱煤发育,其可能是煤体变形内因所致(图 5-6)。因此,两者并非相互孤立,而是有着内在的联系。

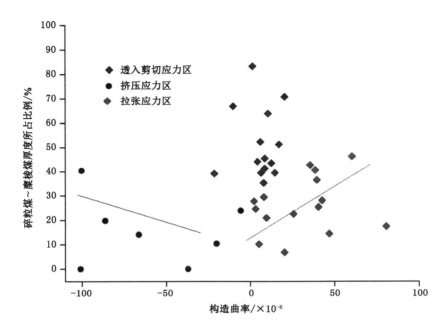

图 5-6　构造曲率与碎粒煤～糜棱煤厚度比例散点图

表 5-5　古交区块钻孔构造曲率

钻孔号	所占碎粒煤～糜棱煤比例	构造曲率	钻孔号	所占碎粒煤～糜棱煤比例	构造曲率	钻孔号	所占碎粒煤～糜棱煤比例	构造曲率
D4*	39.19	6.23	951	25.34	40.12	558	52.02	5.89
D18	43.79	4.11	XQK13-1	0.00	−100.78	M4	46.15	60.15
D13-4	10.42	−20.12	曲20*	36.46	39.21	L4	66.67	−10.43
D22	23.91	−5.77	曲21-1	27.71	2.01	L10	39.22	14.45
T18	38.92	−21.54	305	24.59	2.98	L11	6.90	20.09
417	43.18	12.32	M58	22.52	25.45	L12	50.98	16.87
413	0.00	−37.01	M12	28.05	42.33	y4-10	45.16	8.44
T58	10.19	4.97	M46*	40.42	−100.16	y2-1*	42.55	35.25
T45	83.00	1.19	M60	17.48	80.39	y5-6	70.59	20.23
T60	35.12	7.76	M71	63.63	10.34	y10-2*	20.90	9.39
T76	41.01	8.34	MB4	19.81	−86.25	y3-1	14.49	46.67
303	40.53	38.25	MB19	14.15	−66.28	y7-13	29.41	7.89

注:带 * 号的为刻度井。

5.3 煤体变形数值模拟研究

利用 FLAC[3D]软件模拟断层、褶皱的形成机理,进一步从构造变形的应力状态、煤岩能量变化规律、应变量以弹塑性来探讨煤体结构形成演化。数值模拟具有可操作性强、图像直观等优点,广泛应用于构造变形模拟。从位移、应力变化以及能量耗散与释放的岩石强度和破坏准则出发,采用 FLAC[3D]模拟不同构造部分的可能应变特征来阐述煤层破坏程度。

5.3.1 FLAC[3D]软件简介

(1)计算原理

FLAC[3D]采用显式拉格朗日差分算法和混合-离散分区技术。有限差分的前提是将连续的求解域离散为有限个单元的组合体。用差分网格离散求解域。在求解偏微分方程时,将导数求解由有限差分近似公式替代,从而把求解偏微分方程问题转化为求解代数方程组问题。

如图 5-7 所示,将弹性体模型分割成间距 h 的网格。当然有限差分的网格可以是任何形状的。为了直观说明问题,将网格设置为正方形。假设 $f = f(x)$ 为弹性体内应力、位移等相关参数的连续函数,在图 5-7 中的 $3-0-1$ 的点上,方程为:式(5-12)和式(5-13)。在结点 0 处,函数 f 可以展开为泰勒级数。

$$f_3 = f_0 - h\left(\frac{\partial f}{\partial x}\right)_0 + \frac{h^2}{2}\left(\frac{\partial^2 f}{\partial x^2}\right)_0 \tag{5-12}$$

$$f_1 = f_0 + h\left(\frac{\partial f}{\partial x}\right)_0 + \frac{h^2}{2}\left(\frac{\partial^2 f}{\partial x^2}\right)_0 \tag{5-13}$$

求解式(5-12)和式(5-13),得

$$\left(\frac{\partial^2 f}{\partial x^2}\right)_0 = \frac{f_1 + f_3 - 2f_0}{h^2} \tag{5-14}$$

$$\left(\frac{\partial f}{\partial x}\right)_0 = \frac{f_1 - f_2}{2h} \tag{5-15}$$

可以导出混合二阶导数的差分公式:

$$\left(\frac{\partial^2 f}{\partial x \partial y}\right)_0 = \left[\frac{\partial}{\partial x}\left(\frac{\partial f}{\partial y}\right)\right]_0 = \frac{1}{4h^2}\left[(f_6 + f_8) - (f_5 + f_7)\right]_0 \tag{5-16}$$

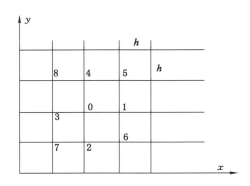

图 5-7　有限差分网格

（2）应用范围

FLAC 软件应用范围广泛，包含 11 种材料的本构模型，包含 5 种计算模式（静力模式、动力模式、蠕变模式、渗流模型和温度模式）。FLAC 软件能较好地模拟地下岩石、煤层的破坏或塑性流动的力学行为，特别适用于分析渐进破坏、失稳、大变形等非线性问题，具有丰富的材料本构模型，如褶皱变形等。可采用 Interface 单元模拟连续介质中的界面（界面可以发生滑动和开裂），如模拟地质断层。FLAC 软件模拟过程输出直观，并能反映岩体变形特征。

5.3.2　模拟过程

（1）正断层数值模拟

8 号煤层主要发育高角度正断层。为了比较贴近现实地质条件，模拟断层形成过程以及位移、应力、能量的变化问题。为了反映煤层在正断层上下盘的变形机理，建立倾角为 75°、顶板为灰岩、底板为砂岩，长 150 m、宽为 50 m、高为 50 m 的块状体，如图 5-8 所示。

构造模拟岩石力学参数采用表 5-6 中数据的平均值。采用 Interface 表示断层界面，分界面两侧内弱化 1/2，采用 Burger-Creep 黏塑性模型作为模拟断层和褶皱的力学模型。依据断层形成演化机制，模型边界条件为：① 在自重条件上，模型上下界面加载垂向主压应力 10 MP（上覆地层引起的垂向应力），模型左右加载最小主应力 3 MP。② 固定模型左下端面的法向位移，模型右侧上、下端面在垂向应力下可向上、下运动。为保持模型计算的稳定性，最终计算 15 552 000 步时。

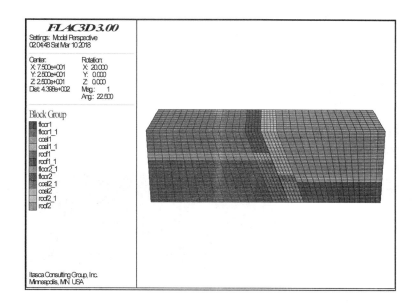

图 5-8　正断层 FLAC^{3D} 计算模型

表 5-6　渗透率预测参数及计算结果

钻孔/矿井	构造曲率 /(×10^{-6})	煤层厚度 /m	裂缝间距 /m	碎粒煤~糜棱煤 厚度比例	渗透率 /mD	备注
D4	6.23	4.59	0.06	39.19	0.003	煤样实测
D18	4.11	5.57	0.07	43.79	0.002	煤样实测
曲 20	39.21	4.07	0.08	36.46	0.650	煤样实测
M46	−100.16	4.51	0.007	40.42	/	煤样实测
y2-1	35.25	3.06	0.07	42.55	0.176	煤样实测
Y10-2	9.39	3.35	0.09	20.90	0.006	煤样实测
西曲矿	40.12	4.25	0.06	25.34	0.595	18307 工作面实测
马兰矿	60.15	3.70	0.02	46.15	0.441	18308 工作面实测
屯兰矿	21.43	3.40	0.02	43.18	0.015	东翼回风巷实测

（2）逆断层数值模拟

逆断层的模型与材料与正断层的相似。建立 FLAC^{3D} 数值计算模型（图 5-9）。逆断层模型的边界条件为：① 自重应力场模拟。固定模型下端面垂直位移和 4 个侧面法向位移,在自重应力下运算至平衡。② 构造应力场模拟。解除模型右下端的垂向位移和左右两侧法向位移边界条件,模拟左右两端施加 10 MP 水平挤压应力。逆断层运算步时与正断层运算步时一致。

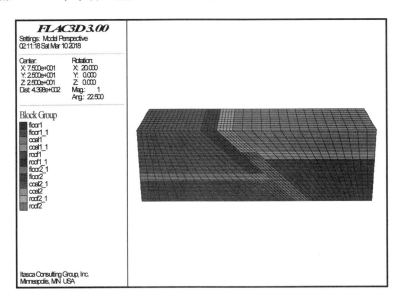

图 5-9 逆断层 FLAC^{3D}计算模型

（3）褶皱数值模拟

褶皱模型由煤层与顶底板组成。建立顶板为灰岩,底板为砂岩,长 1 000 m、宽为 50 m、高为 45 m 的块状体。与逆断层相似,褶皱模型的边界条件也是分为两个阶段进行的:① 自重应力场模拟。底面垂向位移及 4 侧面法向位移固定,顶面自由,在自重应力下运算至平衡。② 构造应力场模拟。解除对模型底面及左右两侧的束缚,在模型两侧施加一定的速度水平压应力边界条件,输入 set large 命令,最终运算至 15 552 000 步时。

5.3.3 模拟结果及其分析

基于正断层、逆断层、褶皱的形成机理,施加边界条件,模拟了构造形成过程中位移、最大主应力以及可释放弹性应变能密度的分布特征。煤岩变形破坏是在能量驱使下的一种状态失稳现象。如图 5-10 所示,一个单元体在封闭条件下受外力作用变形,假设没有与外界产生热交换,由热力学第一定律,可得:

$$U = U^{\mathrm{d}} + U^{\mathrm{e}} \tag{5-17}$$

式中,U 为外力做功输入的总能量;U^{d} 为单元耗散能,使岩体强度逐步丧失;U^{e} 为单元可释放弹性应变能。

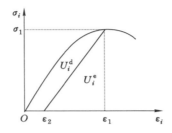

图 5-10　单元体中能量耗散 U_i^{d} 与可释放应变能之间的关系曲线

单元体内部损伤和塑性变形所消耗的能量即为单元耗散能 U^{d},反映原始强度衰减的程度,其是不可逆的;当加载受力 σ_1 时,单元体内具有的形变势能之和即为可释放弹性应变能 U^{e}。单位体积内形变势能为可释放弹性应变能密度 U_i^{e},可由图 5-10 中的卸载曲线与应变轴面积确定。其计算公式为:

$$U_i^{\mathrm{d}} = \int_0^{\varepsilon_1} \sigma_i \mathrm{d}\varepsilon_i - \int_{\varepsilon_2}^{\varepsilon_1} \sigma_i \mathrm{d}\varepsilon_i \tag{5-18}$$

$$U_i^{\mathrm{e}} = \int_{\varepsilon_2}^{\varepsilon_1} \sigma_i \mathrm{d}\varepsilon_i = \frac{1}{2} \sigma_i \overline{\varepsilon_1 \varepsilon_2} \tag{5-19}$$

式中,ε_1 为应力 σ_1 时应变量,ε_2 为 σ_1 卸载至 0 时残余应变。

引入广义胡克定律,适当简化式(5-19),可释放弹性应变能密度 U_i^{e} 之和(即岩体总应变能),其公式为:

$$U_i^{\mathrm{e}} = U^{\mathrm{e}} = \frac{1}{2E_0} \left[\sigma_1^2 + \sigma_2^2 + \sigma_3^2 - 2\mu(\sigma_1\sigma_2 + \sigma_2\sigma_3 + \sigma_3\sigma_1) \right] \tag{5-20}$$

采用 FLAC³ᴰ的 FISH 语言汇编的程序,可得到岩体可释放弹性应变能密度分布状态。结合 TECPLOT 刻画构造变形过程中三维地质体位移、最大主应力以及可释放弹性应变密度等值线。

5.3.3.1　正断层数据模拟结果及其分析

如图 5-11 所示,正断层模拟 15 552 000 步时,高角度正断(70°)的总位移特征为:正断层上盘作为主动盘,上盘的位移大于下盘的位移,且远离断层面,位移越小。位于上盘的煤层位移较大,煤层形变大,煤体结构较下盘更为发育。在垂向应力加载下,正断层两盘主要产生拉张破坏,塑性主要发育在断层破碎带(图 5-12)。而在断层面附近,尤其是在断层上盘,发生剪切破坏。剪切破坏易形成碎粒煤甚至糜棱煤。

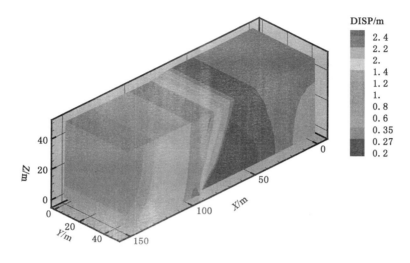

图 5-11　正断层最大位移

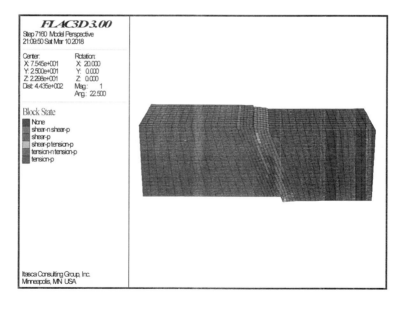

图 5-12　正断层塑性区

最大主应力是由上覆岩层密度和重力加速度引起的自重应力。除了煤层外,上下顶底板岩层密度相差不大,形成正断层的垂直主应力总体上仍呈显著的水平阶梯状分布(图 5-13)。随着煤岩的埋深增加,煤岩层位移增大,煤岩层变形越强烈,煤体结构可能越发育。然而,最大主应力在断层面附近呈现一个与之平行的应力低值带,断层上盘主应力整体小于下盘主应力。随着远离断层面,最大主应力呈增大趋势,直至达到原始岩层的自然应力状态,应力等值线逐渐呈水平阶梯状。

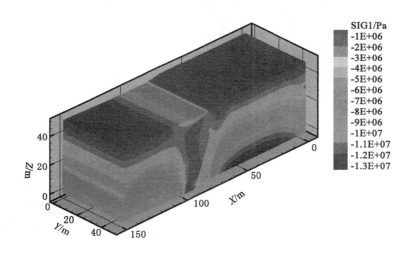

图 5-13　正断层最大主应力等值线

断层上盘位移大,可释放应变弹性能密度低(图 5-14)。由式(5-17)可知,随着单元体内可释放应变能减小,单元耗散能增大,上盘单元体强度丧失和损伤加剧。当可释放应变能达到煤岩体破坏表面能时,该单元就发生破坏。可释放应变能分布规律与最大应力分布规律类似。随着埋深增加,垂向应力所做功增大,可释放应变能增加,煤层越易发生破坏。因此正断层对煤体结构的控制主要体现在两个方面:① 断层自身的影响。断层上盘为主动盘,其煤体破坏较下盘强烈。② 正断层发育的地区。随煤层埋深增加,煤体结构发育。

5.3.3.2　逆断层数值模拟结果及其分析

逆断层的成因机制与正断层的不同。逆断层最大主应力在水平方向,垂向应力为最小主应力。在逆断层形成过程中,受水平构造应力的作用,逆断层

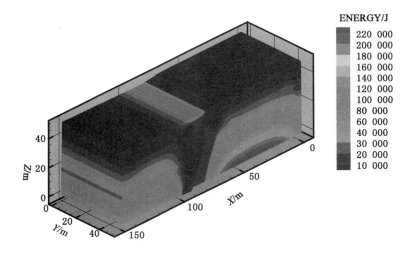

图 5-14　正断层能量密度等值线

的上盘总位移明显大于下盘的总位移,断层上下尖灭端位移最大;随着远离断层,位移逐渐减小(图 5-15)。上盘对煤岩层有明显的拖拽作用。在地层起始上升的部位(即上盘底部),岩层拖拽作用更强,煤岩位移变大,这反映发育于逆断层上盘下尖灭端的煤层可能受力变形更为强烈,煤体结构更为发育。从应变类型来看,发生塑性变形的区域主要集中在断层带和断层附近的煤层中。上盘塑性变形区域比下盘的大(图 5-16),逆断层上盘可能更容易形成碎粒煤甚至糜棱煤。

逆断层受最大水平挤应力形成,水平构造应力与煤层弹性模量呈线性正相关。最大水平主应力变化特征如图 5-17 所示。由于煤岩层的弹性模量相差较大,弹性模量大的岩层承受较大的水平应力,弹性模量较小的煤层承受较小的水平应力,水平构造应力发生偏转。由于煤层与顶底板岩石弹性模量相差较大,岩层承受较大的水平构造应力而对煤层的变形起到一定的"保护作用",煤体结构发育程度变差。从能量的角度分析,煤层承受水平构造应力较小,应力做功输入的总能量少,煤层单元体内可释放应变能和单元耗散能相比较于顶底板岩石的要小,但在断层破碎带及逆断层尖灭端,可释放应变能密度低值区的范围明显增大(图 5-18)。随着远离断层,断层上、下盘煤层可释放

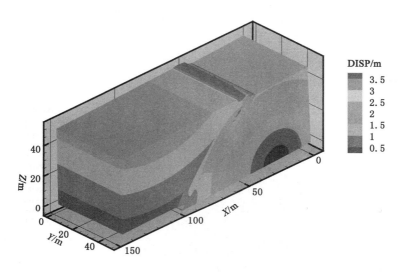

图 5-15　逆断层最大位移等值线

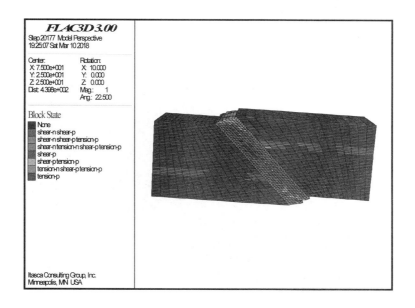

图 5-16　逆断层塑性区分布

应变弹性能密度变大,单元耗散能变小,煤层破坏变形的可能性变小,煤层煤体结构往往以原生结构煤和碎裂煤为主。逆断层对煤体结构的控制主要体现在两个方面。① 逆断层上盘煤层塑性变形区域较下盘的大,上盘煤层容易形成碎粒煤甚至糜棱煤。② 煤层顶底板弹性模量的差异控制着煤层受力情况,进而影响着煤体结构的分布。

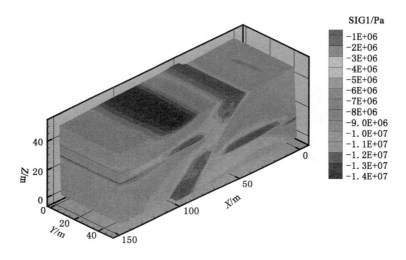

图 5-17　逆断层最大主应力等值线

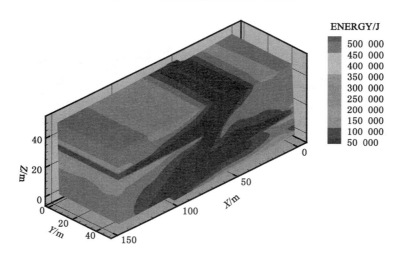

图 5-18　逆断层能量密度等值线

5.3.3.3　褶皱数值模拟结果及其分析

从力的作用来看,褶皱形成机制分为纵弯褶皱作用和横弯褶皱作用。纵弯褶皱作用是指引起褶皱的挤压作用力平行于岩层,使岩层失稳而弯曲;横弯褶皱作用是指作用力垂直于岩层,使岩层发生弯曲。模拟纵弯褶皱形成过程及位移、应力、能量的变化情况,最终形成一个向斜和一个背斜。

在褶皱形成过程中,褶皱的转折端位移最大,远离转折端位移逐渐变小(图 5-19)。褶皱形成后最大主应力以水平挤压应力为主,拉张应力和挤压应力分区明显,在向斜、背斜外弧拉张应力集中,内弧挤压应力集中(图 5-20)。

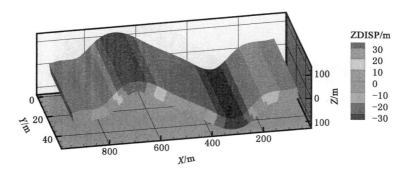

图 5-19　褶皱最大位移等值线

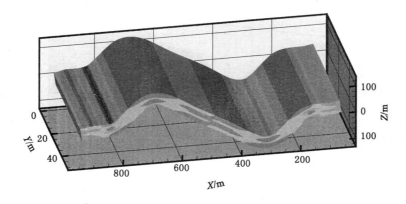

图 5-20　褶皱最大主应力等值线

煤岩层的抗压强度远大于抗拉强度,因此位于背斜、向斜外弧的煤层容易遭受破坏变形,易形成变形较为强烈的碎粒煤和糜棱煤;位于内弧的煤层受挤压应力,不易遭受破坏变形。当褶皱内弧、外弧分别受挤压、拉张以及运动方向的影响时,褶皱翼部形成透入性剪切应力,位于翼部的煤层往往发生塑性变形(图 5-21),易形成碎粒煤甚至糜棱。如图 5-22 所示,从能量的角度分析,在向斜的转折端,煤岩层可释放应变能密度最大,表明单元耗散能小,煤岩层单元体煤岩层强度丧失和损伤减弱;在背斜的转折端及翼部,煤岩层释放应变能密度小,煤岩单元体岩层强度丧失和损伤增强,因此背斜转折端和翼部是构造煤发育的有利场所。

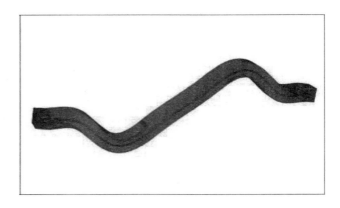

图 5-21 褶皱塑性区域分布

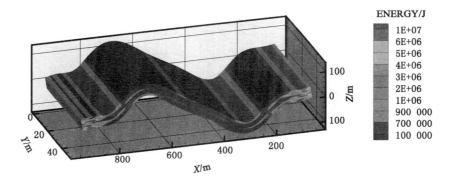

图 5-22 褶皱能量密度分布

褶皱对煤体结构的控制主要体现在两方面。① 褶皱的外弧主要受拉张应力,其内弧受挤压应力,受二者共同影响在褶皱翼部形成透入性剪切破坏,易形成碎粒煤、糜棱煤。② 因煤层抗压、抗拉强度的差异,煤层在背斜、向斜中破坏程度不同。

第 6 章　煤储层裂缝渗透率控制

煤层渗透率的预测方法主要有地质分析法、实验室煤样测试、基于阿尔奇公式（Archie）和 Carman-Kozeny 公式的测井预测和基于最大构造曲率法等。前两种预测方法大多建立煤岩渗透率与其影响因素的关系模型。通过测井数据预测煤层渗透率往往将煤储层概化成理想的均质几何模型，给预测结果带来了一定不确定性。构造曲率值过大的区域是煤体结构破坏严重区域，影响煤储层渗透率预测准确性。但古交区块煤体破坏较轻微，煤体结构以碎裂煤、碎粒煤为主，构造曲率值较小。古交区块适宜采用构造曲率法预测煤储层裂缝渗透率。

6.1　煤储层裂缝渗透率预测模型构建

煤岩基质空隙为煤层气主要储层空间。煤的天然裂隙为煤层气渗流的主要通道。因此，煤层气储层的渗透率主要与裂缝孔隙有关，基质空隙渗透率较小。影响煤体结构的主要因素为煤层厚度和构造曲率。煤体结构又是控制煤层渗透率的关键因素。通过煤层厚度和最大构造曲率参数，运用数学模型计算煤储层裂缝渗透率。

如图 6-1 所示，假设一个厚度为 H 的地层发生弯曲变形，可以求得其构造曲率半径 R。当构造曲率圆心角变化为 $\Delta\theta$ 时，地层产生间距为 e 脆性裂缝，且沿构造曲率半径 R 方向延伸。

裂缝渗透率 q 可由具有可变张开度 b 沿 Oy 轴延伸一个单位的单个裂缝中的流动求得，即：

$$q = b \times 1 \times \frac{b^2}{12}\frac{1}{\mu}\frac{\mathrm{d}p}{\mathrm{d}y} \tag{6-1}$$

式中，b 为裂缝的张开度，cm；μ 为流体的动力黏滞系数，MPa·s；$\mathrm{d}p$ 为单位距离流体压力差。

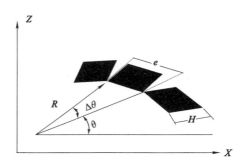

图 6-1　简化的弯曲横剖面图

厚度从 0 变化到 H 的整个地层的总变化量 Q 为：

$$Q = \int_0^H q\,\mathrm{d}H = -\frac{1}{12\mu}\frac{\mathrm{d}p}{\mathrm{d}y}\int_0^H b^3\,\mathrm{d}H \tag{6-2}$$

如果开度 b 随地层厚度 H 变化，即 $b = aH$（a 为与开度有关的常数），那么有：

$$Q = \frac{a^3}{12\mu}\frac{\mathrm{d}p}{\mathrm{d}y}\int_0^H H^3\,\mathrm{d}H = \frac{a^3 H^4}{48\mu}\frac{\mathrm{d}p}{\mathrm{d}y} \tag{6-3}$$

通过流动剖面 S 的渗透速度 v 为：

$$v = \frac{Q}{S} = \frac{1}{S}\frac{a^3 H^4}{48\mu}\frac{\mathrm{d}p}{\mathrm{d}y} \tag{6-4}$$

基于 H、R 和 $\dfrac{\mathrm{d}^2 z}{\mathrm{d}x^2}$ 之间的关系，裂缝渗透率随煤储层厚度和曲率乘积的三次方变化，其计算公式为：

$$K_{\mathrm{f}} = \frac{S}{48H}\left(H \times \frac{\mathrm{d}^2 z}{\mathrm{d}x^2}\right)^3 = \frac{1}{48}e^2\left(H\frac{\mathrm{d}^2 z}{\mathrm{d}x^2}\right)^3 \tag{6-5}$$

式（6-5）可根据单位换算转换为以下量纲参数方程：

$$K_{\mathrm{f}} \approx 2 \times 10^{11}\left[H\frac{\mathrm{d}^2 z}{\mathrm{d}x^2}\right]^3 \times e^2 \tag{6-6}$$

式中，H 为煤储层厚度，m；e 为裂缝间距，cm；$\dfrac{\mathrm{d}^2 z}{\mathrm{d}x^2}$ 为构造曲率，1/m；K_{f} 为裂缝渗透率，$10^{-3}\ \mu\mathrm{m}^2$。

6.2　煤储层裂缝渗透率预测结果及其分析

依据式(6-6)，要计算煤层裂缝渗透率，需要煤层厚度、构造曲率以及裂缝间距等参数。煤厚可以通过钻孔煤厚获取，前述章节已进行了计算和统计。裂缝间距可以通过刻度井煤样和井下工作面实测获取。8 号煤层煤体结构以原生结构煤、碎裂煤、碎粒煤为主，糜棱煤少见，故裂隙清晰可辨。井下煤壁和钻孔煤样中测试煤层不同类型煤体结构的裂缝密度。裂缝密度的倒数即为裂缝间距。计算裂缝渗透率采用不同类型煤体结构裂缝间距的平均值。将上述参数代入公式(6-6)中计算渗透率，其结果见表 6-1。

表 6-1　渗透率预测参数及计算结果

钻孔/矿井	构造曲率/ (×10⁻⁶)	煤层厚度 /m	裂缝间距 /m	碎粒煤～糜棱煤 厚度比例	渗透率 /mD	备注
D4	6.23	4.59	0.06	39.19	0.003	煤样实测
D18	4.11	5.57	0.07	43.79	0.002	煤样实测
曲 20	39.21	4.07	0.08	36.46	0.650	煤样实测
M46	−100.16	4.51	0.007	40.42	/	煤样实测
y2-1	35.25	3.06	0.07	42.55	0.176	煤样实测
Y10-2	9.39	3.35	0.09	20.90	0.006	煤样实测
西曲矿	40.12	4.25	0.06	25.34	0.595	18307 工作面实测
马兰矿	60.15	3.70	0.02	46.15	0.441	18308 工作面实测
屯兰矿	21.43	3.40	0.02	43.18	0.015	东翼回风巷实测

由表 6-1 可知，煤层渗透率呈强非均质性，不同构造曲率区段煤层渗透率甚至有数量级的差异。需要特别说明的是，对于构造曲率负值区段，构造曲率负值反映部分区段受挤压应力作用，煤层裂隙受挤压趋于闭合，煤层渗透率低。因此认为构造曲率负值区段渗透率值小于或者等于构造曲率极小值区段（即煤层遭受构造破坏最弱区段）的。

预测的煤层渗透率为 0.002～0.595 mD，其平均值为 0.236 mD。8 号煤层试井渗透率介于 0.098～2.3431 mD 之间,其平均值为 0.651 mD(表 6-2)。实测的裂隙渗透率为 0.078～0.383 mD,其平均值为 0.217 mD。基于温压条件下的孔渗试验模型,预测渗透率介于 0.026～0.074 mD 之间。试井渗透率见表 6-2,煤样实测渗透率见表 6-3。

表 6-2 古交区块煤层试井结果

井号	煤层	储层压力 /MPa	煤层中部 深度/m	压力梯度 /(MPa/100 m)	渗透率 /mD	表皮 系数	调查 半径/m	备注
T-1	8	5.591	892.03	0.627	0.014 5	−2.445	2.32	
T-2	8	1.794	604.13	0.297	2.343 1	−2.613 9	29.47	
T-4	8	2.095	622.34	0.336	0.098	−0.861 3	6.02	
GJ-01	8	2.56	427.31	0.621	0.15			

表 6-3 煤样孔隙度与渗透率

编号	地点	煤层	埋深 /m	$R_{0,max}$ /%	扩散孔孔 隙度/%	渗流孔孔 隙度/%	裂隙孔 隙度/%	实测渗 透率/mD
CS6	镇城底	8	300	1.32	1.83	1.33	0.94	0.047
CS7	马兰	8	200	1.4	0.57	0.55	2.45	0.359
CS10	屯兰	8	200	1.54	1.73	1.96	0.53	0.383
CS13	东曲	8	320	1.59	1.2	2.02	0.11	0.078

上述获取的 8 号煤层渗透率表明:

① 裂隙渗透率远大于孔隙渗透率,甚至出现数量级的差异,反映煤层天然裂隙系统是煤层渗透的决定因素。

② 对比构造曲率、裂缝间距、煤层厚度模型预测的渗透率与煤样实测的渗透率,预测渗透率略大于煤样实测渗透率(图 6-2)。

③ 预测渗透率与试井渗透率一般都小于 1.00 mD(图 6-2)。其中 T-2 试井渗透率为 2.343 1 mD,远远大于其他试井的渗透率,反映古交区块存在一定程度的高渗透率区段。预测渗透率总体略大于试井渗透率,表明预测渗透率可以较为真实反映煤层渗透率。

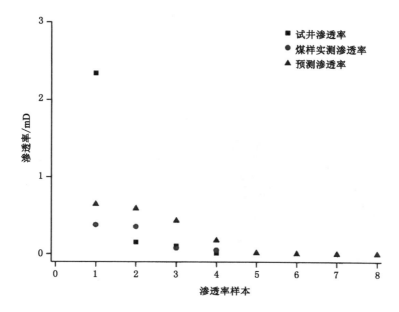

图 6-2　煤层渗透率结果对比

6.3　煤储层裂缝渗透率分布规律研究

　　裂隙是煤层渗流的主要通道。裂缝的非均质性对煤层气渗透有着重要的影响。煤储层宏观裂隙有外生裂隙、内生裂隙（割理）和气胀裂隙。内生裂隙发育在镜煤和亮煤条带中,将煤层切割成块状,裂隙等间距或近似等间距。煤受二次叠加煤化作用后,内生裂隙持续发育和扩展,进而形成气胀裂隙。气胀裂隙主要发育在亮煤和其他煤岩分层中,不贯通煤层顶底板。构造成因的外生裂隙利用和改造内生裂隙和气胀裂隙,在任何煤岩分层中均能发育。气胀裂隙连通不同煤岩分层的内生裂隙。外生裂隙又将各分层的气胀裂隙串联起来,形成一个逐级控制的裂隙系统。不同煤岩分层裂隙的差异,造成了煤层渗透率在层域和区域上的非均质性。

　　受马兰向斜及 NE 方向断层的控制,古交区块 8 号煤储层渗透率呈近似条带状分布。东部煤储层底板等高线构造曲率小,煤层变形微弱,外生裂隙间距小,煤体结构以原生结构煤为主,煤层渗透率一般小于 0.011 mD。

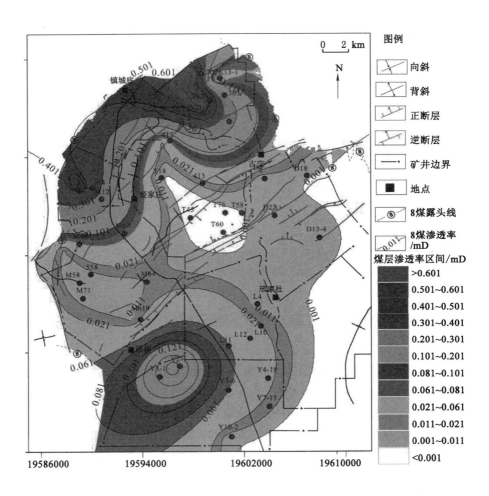

图 6-3　古交区块 8 号煤储层渗透率分布

南部煤储层构造曲率较大,且为正值,反映煤层外生裂隙受拉张应力,裂隙间距较大,煤体结构非均质性强。该区域煤层渗透率出现数量级差异,煤层渗透率介于 0.001~0.121 mD 之间。在 Y2-1、Y3-1 钻井附近,煤层渗透率出现极大值。

在西部,构造曲率正值和负值相间分布于马兰向斜的西翼。在构造曲率绝对值大、构造曲率正值区段,煤层受拉张应力,张性裂隙间距大,煤储层渗透率高,尤其是马兰煤矿、镇城底煤矿的煤层渗透率为 0.061~0.401 mD。在构造曲率负值区段,煤储层外生裂隙受挤压闭合,裂隙间距小,煤储层渗透率低,煤层渗透率为 0.001~0.011 mD。

北部的镇城底煤矿和西曲部分煤层渗透率最高,煤层渗透率为 0.101~0.601 mD,甚至有的区段的煤层渗透率大于 0.601 mD。除了 XQK13-1 钻井附近构造曲率为负值外,其余区段构造曲率均为正值,煤层中碎裂煤发育,张性裂隙间距大,煤层渗透率值高。

综合煤层底板构造曲率、煤层厚度以及裂隙间距预测了 8 号煤层渗透率。在纵向上受煤体结构的控制,随着碎粒煤~糜棱煤厚度比例增加,煤储层渗透率呈指数衰减(图 6-4)。但是在碎粒煤~糜棱煤厚度比例小,原生煤结构煤厚度所占比值较大的情况下,煤层裂隙不发育,煤储层渗透率也可能较小。

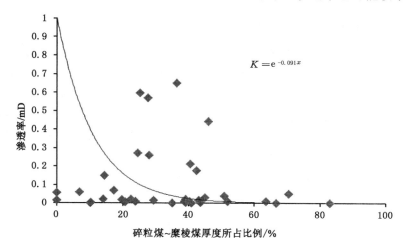

图 6-4　煤体结构与渗透率关系

第7章　煤层气优质储层预测

　　煤体结构一方面控制煤储层渗透率,另一方面是煤层水力压裂可改造性的关键要素。为此,煤体结构分异是影响煤层气产能的主要因素之一。煤岩力学性质及其差异是影响煤层压裂成缝、裂缝扩展及发育的重要因素。基于煤层顶底板与煤层抗压强度、弹性模量的差异,分析煤层顶底板对水力压裂裂缝的控制。基于煤体结构、渗透率以及煤岩力学性质差异等影响煤层气产能的要素,采用灰色模糊算法预测和评价煤层气有利建产区。

7.1　煤层顶底板岩石力学性质分析

7.1.1　煤层顶底板力学参数预测

　　基于测井信息的煤及煤层顶底板岩石力学参数的计算,往往需要用到纵波和横波波速或声波时差两个关键参数。钻井测井一般为常规测井,通常只有纵波时差。计算出横波时差(或者波速)是评价岩石力学参数的关键。

　　对水文地质钻孔取样测试的弹性模量(E)和泊松比(μ)等力学参数进行纵波、横波时差正演,拟合出计算横波时差经验公式。即使同一岩性的岩石,由于胶结程度、分选性等差异,其力学性质在不同区域也明显差异,反映在相应测井上就是测井曲线幅值的大小存在差异。岩石弹性模量、泊松比与纵波、横波速度的关系为:

$$v_p = \sqrt{\frac{E(1-\mu)}{\rho(1+\mu)(1-2\mu)}} \tag{7-1}$$

$$v_s = \sqrt{\frac{E}{2\rho(1+\mu)}} \tag{7-2}$$

式中　E——弹性模量;

　　　μ——泊松比;

ρ——煤样体积密度；

v_{p}——纵波波速；

v_{s}——横波波速。

测试得到的水文地质钻孔中煤层顶底板各岩性视密度、弹性模量、泊松比表明,弹性模量随着泊松比的增加而减小,其相关性明显(图 7-1)。依据式(7-1)、式(7-2),可以推测岩性纵波、横波速度可能存在明显的相关性。

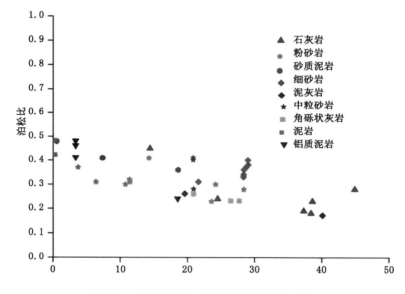

图 7-1　含煤地层岩石弹性模量与泊松比关系

通过测试岩样的力学参数、纵横波速度来预测岩性力学参数的步骤如下所述。

① 将测试的岩石力学参数代入式(7-1)和式(7-2)计算横波速度、纵波速度。其结果见表 7-1。

表 7-1　岩石力学性质测试及声波参数计算

岩性	密度 kg/m³	泊松比	弹性模量 /GPa	抗压强度 /MPa	抗拉强度 MPa	拟合纵波波速 /(m/s)	拟合横波波速 /(m/s)	拟合纵横波速比
石灰岩	2.70	0.23	38.60	30.80	3.56	3 518.17	2 083.30	1.69
石灰岩	2.71	0.24	24.50	45.60	2.73	2 820.46	1 649.68	1.71

表7-1（续）

岩性	密度 kg/m³	泊松比	弹性模量 /GPa	抗压强度 /MPa	抗拉强度 MPa	拟合纵波波速 /（m/s）	拟合横波波速 /（m/s）	拟合纵横波波速比
石灰岩	2.83	0.19	37.30	31.70	1.59	3 289.02	2 034.72	1.62
石灰岩	2.83	0.18	38.40	24.00	2.02	3 315.86	2 071.40	1.60
石灰岩	2.77	0.25	14.44	21.40	2.95	2 159.47	1 246.77	1.73
石灰岩	2.72	0.28	44.90	39.80	5.14	3 968.45	2 193.64	1.81
粉砂岩	2.80	0.28	28.40	27.20	2.38	3 109.07	1 718.60	1.81
粉砂岩	2.60	0.31	6.40	15.90	1.06	1 595.38	837.18	1.91
粉砂岩	2.64	0.23	23.60	34.70	1.01	2 779.93	1 646.15	1.69
粉砂岩	2.84	0.31	11.48	19.00	2.09	2 044.11	1 072.64	1.91
粉砂岩	2.80	0.31	14.29	26.00	2.31	2 298.87	1 206.33	1.91
粉砂岩	2.85	0.3	24.19	38.90	1.44	2 922.10	1 561.93	1.87
粉砂岩	2.71	0.29	3.75	17.60	1.28	1 164.15	633.13	1.84
粉砂岩	2.84	0.32	11.40	19.10	2.08	2 070.41	1 065.22	1.94
粉砂岩	2.84	0.3	10.80	19.30	2.05	1 955.24	1 045.12	1.87
砂质泥岩	2.65	0.31	8.60	23.10	1.5	1 832.54	961.62	1.91
砂质泥岩	2.87	0.32	7.34	17.80	1.6	1 654.05	851.00	1.94
砂质泥岩	2.66	0.33	5.20	14.70	1.11	1 470.21	740.57	1.99
细砂岩	2.72	0.21	21.70	36.90	2.09	2 587.86	1 567.93	1.65
细砂岩	2.64	0.2	29.06	39.40	2.72	3 020.58	1 849.72	1.63
细砂岩	2.62	0.26	28.46	36.90	2.49	3 146.97	1 792.19	1.76
细砂岩	2.64	0.28	29.10	28.80	2.71	3 242.85	1 792.55	1.81
细砂岩	2.62	0.24	28.42	36.70	2.54	3 087.72	1 806.00	1.71
细砂岩	2.64	0.27	28.80	38.20	2.69	3 190.71	1 790.98	1.78
细砂岩	2.62	0.23	28.39	36.50	2.4	30 62.38	1 813.41	1.69
中砂岩	2.68	0.22	34.40	51.50	1.73	3 306.99	1 981.37	1.67
中砂岩	2.74	0.22	24.80	31.40	3.64	2 778.49	1 664.72	1.67
中砂岩	2.69	0.23	20.90	23.60	3.15	2 595.04	1 536.67	1.69
中砂岩	2.64	0.28	20.97	26.30	2.6	2 753.88	1 522.26	1.81
中砂岩	2.68	0.23	20.90	23.50	3.13	2 596.01	1 537.24	1.69

表7-1(续)

岩性	密度 kg/m³	泊松比	弹性模量 /GPa	抗压强度 /MPa	抗拉强度 MPa	拟合纵波波速 /(m/s)	拟合横波波速 /(m/s)	拟合纵横波速比
角砾状灰岩	2.72	0.23	27.70	19.10	1.2	2 968.24	1 757.66	1.69
角砾状灰岩	2.66	0.23	26.40	16.00	1.4	2 928.05	1 733.86	1.69
角砾状灰岩	2.86	0.26	20.90	17.90	0.86	2 584.49	1 471.86	1.76
硬石膏	3.04	0.22	36.80	46.20	1.36	3 212.03	1 924.47	1.67
泥灰岩	2.64	0.26	19.60	19.70	1.23	2 605.14	1 483.61	1.76
泥灰岩	2.58	0.17	40.10	23.80	2.88	3 530.21	2 225.96	1.59
泥岩	2.76	0.34	4.10	2.80	0.79	1 306.73	643.39	2.00
泥岩	2.75	0.32	4.00	2.70	0.84	1 246.31	641.22	1.94
铝质泥岩	2.82	0.35	3.32	4.00	0.42	1 187.68	570.54	2.00
铝质泥岩	2.82	0.33	3.42	4.00	0.41	1 158.82	583.72	1.99
铝质泥岩	2.81	0.31	3.42	3.90	0.38	1 123.03	589.31	1.91
铝质泥岩	2.68	0.24	18.60	13.50	2.72	2 470.76	1 445.14	1.71
粗砂岩	2.74	0.32	9.13	15.20	2.34	1 884.98	969.82	1.94

② 将计算得到的横波速度与纵波速度进行拟合,得到二者之间的拟合换算关系式为:

$$v_s = 0.642\ 3v_p - 180.54 \tag{7-3}$$

二者拟合呈线性相关,且相关性高,其相关系数为 0.98(图 7-2)。

③ 将煤田钻孔地球物理测井的纵波速度代入式(7-3),计算出相对应的横波速度;横波、纵波速度换算为声波时差代入式(7-4)和式(7-5),即可求得有纵波速度而无横波速度的煤层顶底板岩石的泊松比、弹性模量。

$$\mu = 0.5 \frac{\Delta t_s^2 - 2\Delta t_p^2}{\Delta t_s^2 - \Delta t_p^2} \tag{7-4}$$

$$E = 1.34 \frac{\rho}{\Delta t_s^2} \frac{3\Delta t_s^2 - 4\Delta t_p^2}{\Delta t_s^2 - \Delta t_p^2} \tag{7-5}$$

式中　E——弹性模量;

　　　μ——泊松比;

　　　ρ——煤样体积密度;

　　　Δt_p——纵波时差;

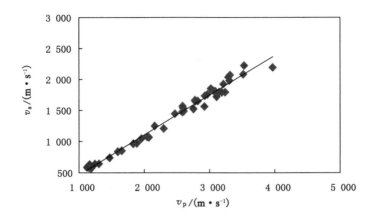

图 7-2 含煤地层岩石横波速度(v_s)与纵波速度(v_p)关系

Δt_s——横波时差。

④ 基于前述步骤中计算的横波速度、纵波速度、纵横波速比,测试石灰岩、粉砂岩、砂质泥岩、细砂岩、中砂岩、角砾灰岩、泥灰岩、泥岩、铝质泥岩、粗砂岩的抗压强度。其中,石灰岩、细砂岩抗压强度最大,泥岩抗压强度最小(表 7-1)。将实测的 11 组 43 个岩样单轴抗压、抗拉强度数据进行拟合,分别得到其与横波速度、纵波速度、纵横波速比之间对应关系,如图 7-3、图 7-4 和图 7-5 所示。

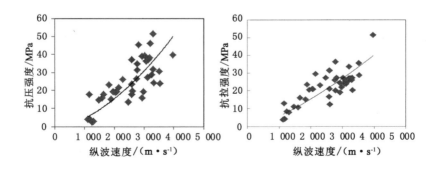

图 7-3 含煤地层岩石抗压强度、抗拉强度与纵波速度关系

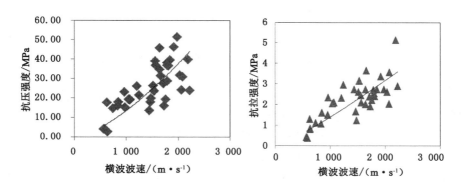

图 7-4　含煤地层岩石抗压强度、抗拉强度与横波速度关系

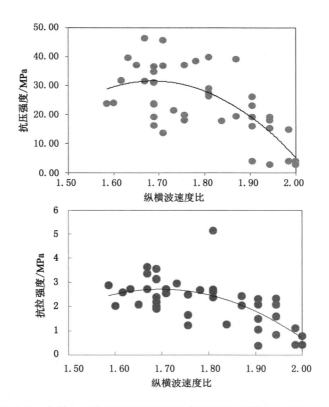

图 7-5　含煤地层岩石抗压强度和抗拉强度与纵横波速度比关系

岩石抗压强度、抗拉强度与纵波速度、横波速度的关系式为：

$$R_c = a v_p^b; R_c = 2 v_s^b \qquad (7-6)$$

岩石抗压强度、抗拉强度与纵横波速比的关系式为：

$$R_c = a \left(\frac{v_p}{v_s}\right)^2 + b \frac{v_p}{v_s} + c \qquad (7-7)$$

式中　R_c——岩石抗压强度或抗拉强度，MPa；

　　　a,b,c——拟合岩石纵波、横波的参数，其取值见表7-2。

岩石抗压强度、抗拉强度与纵波波速相关性最好。依据36口钻孔测井的纵波速度，采用式(7-6)可以预测煤层顶底板抗压强度。同理，可以依据纵波速度预测煤层顶底板岩石抗拉强度。

表 7-2　拟合方程参数 a、b、c 取值

力学性质	变量	a	b	c	统计点数	相关系数
抗压强度 /MPa	纵波速度/(m/s)	0.000 03	1.724 3		43	0.688 7
	横波速度/(m/s)	0.000 5	1.477		43	0.682 8
	纵横波速比	−266.28	898.13	−725.82	43	0.460 3
抗拉强度 /MPa	纵波速度/(m/s)	0.000 04	1.386 3		43	0.728 6
	横波速度(m/s)	0.000 4	1.182 6		43	0.716 5
	纵横波速比	−21.905	73.342	−60.36	43	0.441 3

7.1.2　基于煤岩力学性质的煤层有利压裂地段预测

煤及煤层顶底板力学性质是影响煤层气压裂裂缝形态、延伸的先决条件。煤及煤层顶底板力学性质分异对煤层压裂裂缝发育、扩展有着重要影响。

8号煤层形成于由西北向东南推进的废弃分流河道上，底板岩性较为复杂，以泥岩、粉砂岩、砂质泥岩为主，碳质泥岩、细砂岩零星分布(图7-6)。

庙沟灰岩平行不整合覆盖于8号煤层之上，其顶板岩性主要以灰岩、泥岩为主，泥灰岩次之，碳质泥岩、砂质泥岩零星分布(图7-7)。

顶底板岩性的分布引起岩石力学性质的差异。古交区块内煤具有低抗压强度、抗拉强度，低弹性模量，高泊松比的特点(表7-3)。低强度使煤层容易被压裂，但高泊松比使煤层容易塑性变形，进而使煤层难以裂开。因此，煤层压裂难易程度需要具体而论。煤的低弹性模量和高泊松比导致压裂裂缝长度减小，宽度增加。

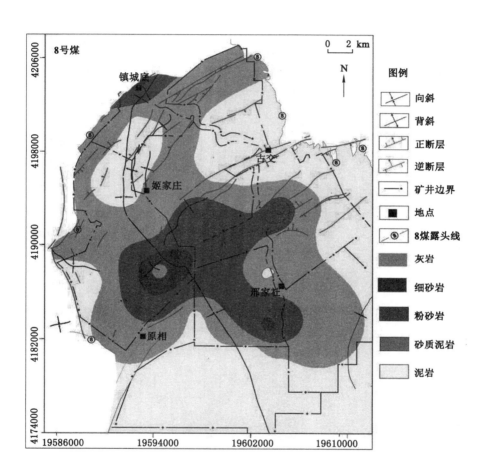

图 7-6　8 号煤层底板岩性分布

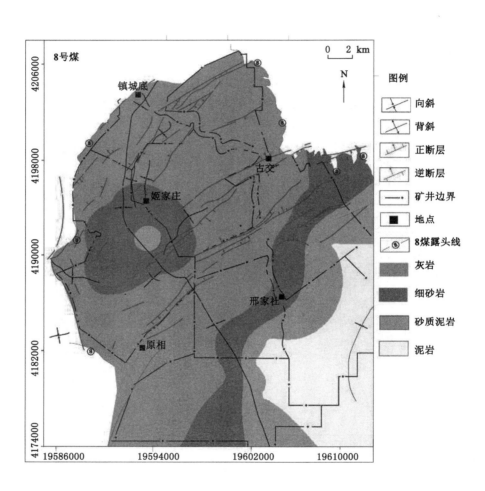

图 7-7　8号煤层顶板岩性分布

表 7-3　古交区块 8 号煤层及其顶底板岩石力学参数计算结果

力学参数	密度 /(g/cm³)	抗压强度 /MPa	抗拉强度 /MPa	弹性模量 /GPa	泊松比	备注
8 号煤层 顶板灰岩	2.67～2.85 2.71	21～50.68 35	1.50～5.26 3.01	14.20～52.61 34.12	0.17～0.28 0.22	
8 号煤层 顶板泥岩	2.74～2.76 2.75	2.60～40.68 21.67	0.79～1.24 0.82	2.12～6.03 4.05	0.28～0.34 0.30	
8 号煤层顶 板泥灰岩	2.56～2.60 2.58	19.50～25.09 24.13	0.78～1.34 0.89	18.70～42.04 26	0.15～0.28 0.23	
8 号煤层顶 板砂质泥岩	2.64～2.88 2.72	14.70～25.56 18.60	0.98～1.60 1.40	5.20～9.80 7.20	0.30～0.33 0.31	
8 号煤	1.32～1.48 1.46	1.2～15.26 5.8	/	2.20～5.80 1.20	0.21～0.39 0.31	
8 号煤层 底板泥岩	2.75～2.77 2.76	2.65～43.00 22.54	0.81～1.26 0.84	2.25～6.78 4.13	0.28～0.34 0.30	
8 号煤层底 板粉砂岩	2.60～2.86 2.77	16.00～40.70 25.02	1.06～2.68 1.75	3.75～30.24 15.12	0.23～0.32 0.29	
8 号煤层底 板砂质泥岩	2.65～2.89 2.73	14.92～29.78 20.61	0.98～1.72 1.52	5.20～10.23 7.33	0.30～0.33 0.31	
8 号煤层底 板细砂岩	2.62～2.74 2.68	28.80～40.40 36.20	2.09～2.75 2.52	21.00～29.50 27.70	0.20～0.28 0.24	
8 号煤层底 板中砂岩	2.64～2.86 2.76	23.30～56.50 33.20	0.73～3.89 2.03	20.90～36.40 25.27	0.22～028 0.23	

　　煤及煤层顶底板岩石力学性质差异对压裂裂缝的控制主要体现在两个方面。一方面煤层抗压强度、弹性模量、抗剪强度明显低于顶底板的灰岩、粉砂岩、细砂岩、中砂岩,容易被压裂破坏且井眼易坍塌。煤层顶底板的泥岩、砂质泥岩弹性模量较小,泊松比较大,井眼段表现出塑性变形的特点。另一方面,煤及煤层顶底板岩石力学性质的差异影响着压裂裂缝的长度和高度。当煤层与煤层顶底板岩石力学性质相差很小时,压裂裂缝可能会延伸至煤层顶底板岩石,裂缝高度难以控制,且易沟通含水层,给排采带来困难;当煤层与顶底板岩石力学性质相差很大时,煤层破裂压力明显低于顶底

板岩石,对控制裂缝有利。抗压强度、抗拉强度与破裂压力有关。煤层强度低,破裂压力小。

从应力强度因子出发,煤岩弹性模量的差异是控制水力裂缝高度延伸的关键因素。当压裂目标层弹性模量远小于顶底板岩石时,顶底板岩石阻止裂缝扩展,在层面交界处形成一个低应力区,裂缝呈"工"或者"T"形态。反之,当压裂目标层弹性模量与顶底板岩石相近时,水力压裂裂缝在靠近岩层交界面时越易扩展,直至压窜至顶底板。有关研究表明,顶底板岩石与煤层抗压强度大于5时,裂缝容易被限制在煤层之中。

通过计算钻孔顶底板岩石与煤层力学参数的比值,来评价煤岩力学性质差异对水力压裂裂缝的控制(图7-8)。煤层及其顶底板力学性质分异与顶底板岩性分布有着良好的一致性(图7-6、图7-7和图7-8)。以灰岩为主的煤层顶板与煤层抗压强度比一般大于5,弹性模量比一般在6以上;以泥岩、砂质泥岩、粉砂岩为主的煤层底板,岩性分布复杂,煤层与顶底板岩石抗压强度和弹性模量值较为接近,抗压强度比一般为1~3,弹性模量比一般为2~4。

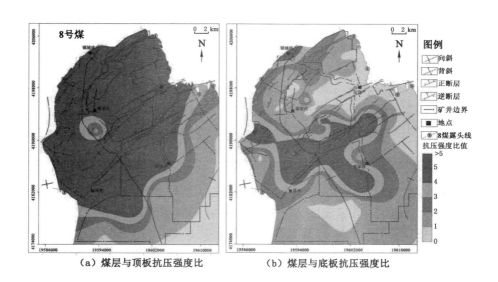

（a）煤层与顶板抗压强度比　　　　（b）煤层与底板抗压强度比

图7-8　煤与顶底板力学参数比值分布

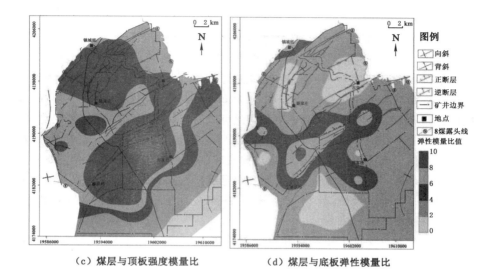

（c）煤层与顶板强度模量比　　　　（d）煤层与底板弹性模量比

图 7-8　（续）

　　8 号煤层顶板能够较好地将水力压裂裂缝控制在煤层里。但是底板大部分区域与煤层力学性质近似，水力压裂裂缝高难以控制。然而 8 号、9 号煤层底板以下为相对隔水岩层，所以煤层顶板对裂缝的控制更为重要。东南部煤层顶底板主要为泥岩、砂质泥岩，其抗压强度和弹性模量与煤层的相近，甚至小于煤层的。水力压裂容易把煤层顶底板压开，贯通顶板的含水层，给排水降压带来困难。此地段应考虑控制缝高压裂工艺，提高压裂效果。

7.2　煤层压裂可改造性分区评价

7.2.1　煤体结构与渗透率

　　煤体结构与渗透率之间存在正态分布关系。可通过煤体结构定量化指标（GSI）联接两者之间关系。煤体渗透率公式为：

$$K = a + b e^{-c(GIS - GSI_m)^2} \tag{7-8}$$

式中　K——煤体渗透率；

　　a,b,c——常数;

　　GSI——煤体结构地质强度指数;

　　GSI_m——渗透率最大值对应的煤体地质强度指数。

　　煤体 GSI 是依据煤体构造可分辨性、裂隙发育程度、揉皱镜面、强度以及煤体结构面发育程度对不同结构煤体进行赋值而获得的。GSI 随煤体破坏程度增加而减小。原生结构煤的 GSI 为 $65\sim100$,碎裂煤的为 $45\sim65$,碎粒煤的为 $20\sim45$,糜棱煤的为 $0\sim20$。据此可以看出,GSI 减小,煤体变形增强。煤储层渗透率在原生结构煤阶段呈指数增大,至碎裂煤阶段其出现最大值,随后至碎粒煤～糜棱煤阶段其呈指数规律衰减。原生结构煤～碎裂煤主要发生脆性变形,煤体裂隙可以进一步扩展和贯通孔隙(连通煤的基质孔隙和矿物晶间孔隙);碎粒煤～糜棱煤主要发生塑性变形,先期形成的裂隙被剪断和磨蚀,孔隙的贯通性变差。

　　水力压裂可使原生结构煤和碎裂煤的煤储层渗透率增大,但碎粒煤～糜棱煤的煤储层渗透率变化则相反。随着碎粒煤～糜棱煤厚度所占比例的增加,煤储层渗透率呈指数衰减。其拟合关系式为:

$$K = e^{-0.091x} \qquad (7\text{-}9)$$

式中　K——煤储层渗透率,mD;

　　　　x——碎粒煤～糜棱煤厚度比例。

　　鉴于此,计算钻井不同类型煤体结构厚度比例,采用 Q 型层次聚类分析对钻井进行聚类。以钻井为依据划分煤体结构类型,进而在区域上评价煤储层压裂可改造性。

7.2.2 煤体结构可改造性分区评价

　　在定量化表征煤体结构的基础上,通过煤体结构-应力-应变-渗透率全程演变试验,拟合煤体结构定量化数值与渗透率的关系,得出水力压裂等增透措施不适合碎粒煤～糜棱煤。

　　基于煤体结构的可改造性,针对 8 号煤层非均质性强、煤体结构复杂的特点,计算各钻井原生结构煤、碎裂煤、碎粒煤～糜棱煤厚度所占比例,采用 Q 型层次聚类分析对钻孔进行聚类,其结果见图 7-9。

　　计算钻孔之间的精度加权距离,以最长距离法对钻孔进行聚类,进而将 36 个钻孔分为 Ⅰ、Ⅱ、Ⅲ、Ⅳ四大类和 Ⅲ₁、Ⅲ₂、Ⅲ₃、Ⅲ₄四个亚类,其结果见表 7-4。基于聚类分析的钻孔煤体结构类型,绘制煤层水力压裂可改造性分区(图 7-10)。

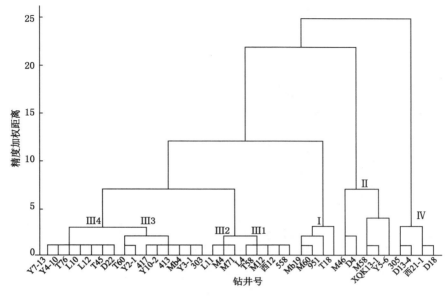

图 7-9　8 号煤层钻孔聚类谱系

表 7-4　钻孔煤体结构厚度比例与聚类结果

钻孔	原生结构煤所占比例	碎裂煤所占比例	碎粒煤~糜棱煤所占比例	判别结果
558、L12、M4、417、303、D4、L10	18.87~28.10	27.47~37.60	39.19~52.02	Ⅲ₄
M46、Y4-10、T60、Y7-13、T76、Y2-1、T18、西 20	31.91~44.16	6.65~30.99	29.41~45.16	Ⅲ₃
M58、Y10-2、D13-4	40.30~45.83	35.30~43.75	10.42~22.52	Ⅲ₂
西 21-1、M12、M60、MB4、MB19	29.79~37.85	37.21~50.37	14.15~28.05	Ⅲ₁
305、Y3-1、L11、413	54.92~68.97	20.49~43.04	0.00~24.59	Ⅰ
D18、951、D22、T58、XQK13-1	0.00~28.57	48.61~79.69	0.00~43.79	Ⅱ
M71、L4、T45、Y5-6	0.00~21.37	15.00~25.00	63.63~83.00	Ⅳ

　　如图 7-10 所示,Ⅰ类区域分布于南部,位于马兰向斜的两翼;地层倾角平缓,煤层厚度较北部煤层厚度小;以原生结构煤为主,所占比例为 55%~69%,碎裂煤次之,碎粒煤~糜棱煤厚度比例最小。Ⅰ类区域煤储层渗透率较高,煤储层渗透率提升潜力大。以原生结构煤为主的Ⅰ类区域为例,依其强度可以采用直井水力压裂、水平井分段压裂等技术进行煤储层增渗。

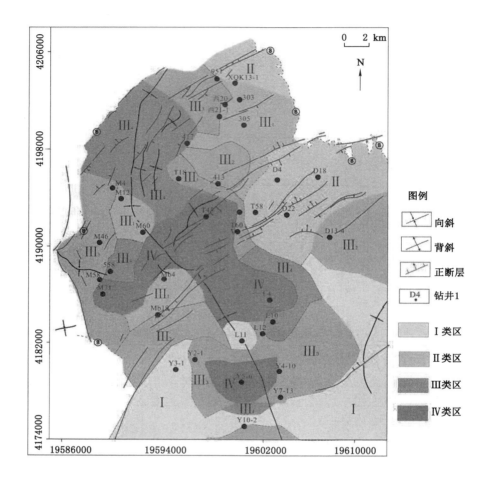

图 7-10 8 号煤层水力压裂可改造性分区图

Ⅱ类区域分布东部、东北部,位于马兰向斜的东翼;断层发育,以碎裂煤为主,所占比例为 49%~80%,碎粒煤次之,原生结构煤最少。在古交区块所在的西山煤田,密度介于 1.35~1.45 g/cm³ 的 8 号煤(相当于提到的碎裂煤)的煤层气产能潜力大,其煤层气平均产能为 578 m³/d。以碎裂煤主的Ⅱ类区域,煤储层渗透处于最佳水平,但是煤储层渗透率提升潜力差。宜采用裸眼洞穴法和径向水力喷射措施进行近井地段解堵增透。

Ⅲ类区域分布最广,主要沿着马兰向斜两翼和轴部呈条带状展布,以碎裂煤和碎粒煤为主。依结构煤体所占比例优势,Ⅲ类区域又分为Ⅲ₁、Ⅲ₂、Ⅲ₃、Ⅲ₄ 4 个亚类,依次原生结构煤和碎裂煤所占比例减小,碎粒煤所占比例增大。Ⅲ₁和Ⅲ₂类为Ⅱ类向Ⅲ类过渡类型,煤体以碎裂煤、原生结构煤为主,可参照Ⅰ类和Ⅱ类区域进行储层增透改造。Ⅲ₃和Ⅲ₄为Ⅲ和Ⅳ类的过渡类型,可借鉴Ⅳ类储层增透措施。

Ⅳ区域分布主要位与马兰向斜轴部,受构造应力影响,以碎粒结构煤为主,所占比例为 64%～83%,碎裂煤次之,原生结构煤最少。适用于原生结构煤的水力压裂技术不适合此类型区域,宜进行合层开采。曾将邻近不足 10 m 的煤层和中间夹层同时射孔,进行合层开采,限流压裂获得的产气量比单煤层抽采的产气量提高 2～3 倍。

7.3　煤层气有利建产区优选

影响煤层气产能的地质因素包括煤层含气量、煤体结构、渗透率、煤层埋深、储层压力梯度、煤层与其顶底板力学性质差异等。采用灰色模糊法模型预测煤层气有利建产区。当煤层与顶底板力学差异存在模糊性,因素之间对应不明确时,模糊数学方法可类似定性地质因素转换成量化参数。灰色系统理论则研究外延明确,内涵不明确的对象。例如,用该理论研究已知煤层气有利区段之外开发地质条件未知的区域。煤层气有利区块的指标既存在模糊性又有灰色性。

7.3.1　灰色模糊分析法

由灰色关联度确立评价参数权重,将关联度用于聚类向量计算各指标模糊聚类系数,依据聚类系数最大值对应的评语等级,确定单井特定煤层的最终评价结果。

① 确立评价指标(表 7-5),构建评价指标矩阵[式(7-10)]。

表 7-5　有利建产区预测指标及权重

指标	碎粒-糜棱煤厚度占比(a_1)	埋深(a_2)	渗透率(a_3)	顶底板力学性质分级(a_4)	煤层含气量(a_5)	储层压力梯度(a_6)
权重	0.22	0.14	0.25	0.03	0.22	0.14

$$\boldsymbol{A}_{mn} = \begin{bmatrix} a_{11} & a_{12} & \cdots & a_{1n} \\ a_{21} & & & a_{2n} \\ \vdots & & & \vdots \\ a_{m1} & \cdots & \cdots & a_{mn} \end{bmatrix} \tag{7-10}$$

② 计算权重。权重是衡量各指标对有利建产区的影响"大小"程度。权重可以通过建立和计算判别矩阵($\boldsymbol{\omega}$)来获取。

$$\boldsymbol{\omega} = \begin{bmatrix} 1 & 2 & 1.05 & 5 & 1.05 & 2 \\ 0.5 & 1 & 0.6 & 4 & 0.85 & 0.9 \\ 0.95 & 2 & 1 & 6 & 1.5 & 2 \\ 0.2 & 0.25 & 0.17 & 1 & 0.25 & 0.25 \\ 0.95 & 1.18 & 0.67 & 4 & 1 & 4 \\ 0.5 & 1.11 & 0.5 & 4 & 1.25 & 1 \end{bmatrix} \tag{7-11}$$

计算得到判识矩阵的特征向量(即权重系数)为:

$$W = (a_1, a_2, a_3, a_4, a_5, a_6) = (0.22, 0.14, 0.25, 0.03, 0.22, 0.14)^\mathrm{T}$$

③ 确定评语集。将建产区分为四类,评语集 $V = \{v_1, v_2, v_3, v_4\}$,其中,$v_1$ 为 Ⅰ 类(有利建产区);v_2 为 Ⅱ 类(次有利建产区);v_3 为 Ⅲ 类(潜力建产区);v_4 为 Ⅳ 类(后备建产区)。

④ 确定白化函数。依据白化函数,确立指标隶属度。

⑤ 进行灰色模糊计算,将指标权重作用于隶属度计算聚类系数 σ_i;求 $\max\{\sigma_{ij}\}$ 值,其值对应的评语集即是最终评判的结果。

⑥ 基于钻孔参数进行煤层气建产区等级划分及评价。

7.3.2 灰色模糊评价参数及量化

7.3.2.1 煤体结构

8 号煤层碎粒煤、糜棱煤较为发育,所占比例为 $0 \sim 83\%$。碎粒煤、糜棱煤易导致水力压裂液的大量滤失进而影响压裂裂缝的延伸范围,甚至引起沙堵等工程问题。相关研究表明,碎裂煤、原生结构煤对煤层气垂直井产能贡献大,碎粒煤和糜棱对煤层气产能贡献最小。

对各钻孔 8 号煤层碎粒煤～糜棱煤厚度比例由小到大排序,在序列中计算加权的 1/4、2/4、3/4 分界值点作为碎粒煤～糜棱煤分类的界限值,其结果见表 7-6。

表 7-6 煤体结构指标分类标准

评价指标	I 类	II 类	III 类	IV 类
碎粒煤～糜棱煤体厚度比例	0～17	17～34	34～50	>50

以碎粒煤～糜棱煤厚度所占比例界限为基础,构建以下 4 类白化函数。

I 类白化函数为:

$$f_{11}(x) = \begin{cases} 1 & x \in [0,17] \\ 1 - \dfrac{x-17}{50} & x \in (17,67) \\ 0 & x \in [67,100] \end{cases} \tag{7-12}$$

II 类白化函数为:

$$f_{11}(x) = \begin{cases} 1 + \dfrac{x-17}{50} & x \in [0,17) \\ 1 & x \in [17,34] \\ 1 - \dfrac{x-34}{50} & x \in (34,84) \\ 0 & x \in [84,100] \end{cases} \tag{7-13}$$

III 类白化函数为:

$$f_{11}(x) = \begin{cases} 1 + \dfrac{x-34}{50} & x \in [0,34) \\ 1 & x \in [34,50] \\ 1 - \dfrac{x-50}{50} & x \in (50,100] \\ 0 & x \in [100,\infty] \end{cases} \tag{7-14}$$

IV 类白化函数为:

$$f_{11}(x) = \begin{cases} 1 + \dfrac{x-50}{50} & x \in [0,50) \\ 0 & x \in [50,100] \end{cases} \tag{7-15}$$

7.3.2.2 煤层埋深

8 号煤层埋深 357.01～906.20 m,埋深平均 639.70 m。随着埋深增加,煤层含气量呈增加趋势。煤层埋深较浅时,煤层往往位于风氧化带之上,并且上覆盖层厚度小,煤层气易散失;煤层埋藏较深时,上覆压力增大,煤储层渗透率较低,不利于煤层气开采。

综合借鉴沁水盆地南部和鄂尔多斯盆地煤层气开发经验,目前理想开发深度为 500～700 m。据此将煤层埋深 550～650 m 作为评价的 I 类指标界限(表 7-7)。

表 7-7 煤储层埋深指标分类标准

评价指标	Ⅰ类	Ⅱ类	Ⅲ类	Ⅳ类
埋深/m	550～650	450～550;650～750	300～450;750～1 000	<300;>1 000

构建如下 4 类白化函数。

Ⅰ类白化函数为:

$$f_{11}(x)=\begin{cases} 1 & x\in[550,650] \\ 1+\dfrac{x-550}{700} & x\in[0,550) \\ 1-\dfrac{x-650}{700} & x\in(650,1\,350) \\ 0 & x\in[1\,350,\infty] \end{cases} \tag{7-16}$$

Ⅱ类白化函数为:

$$f_{11}(x)=\begin{cases} 1+\dfrac{x-450}{700} & x\in[0,450) \\ 1 & x\in[450,550]\bigcup[650,750] \\ 1-\dfrac{x-550}{700} & x\in(550,600] \\ 1+\dfrac{x-650}{700} & x\in(600,650) \\ 1-\dfrac{x-750}{700} & x\in(750,1\,450) \\ 0 & x\in[1\,450,\infty] \end{cases} \tag{7-17}$$

Ⅲ类白化函数为:

$$f_{11}(x)=\begin{cases} 1+\dfrac{x-300}{700} & x\in[0,300) \\ 1 & x\in[300,450]\bigcup[750,1\,000] \\ 1-\dfrac{x-450}{700} & x\in(450,600] \\ 1+\dfrac{x-750}{700} & x\in(600,750) \\ 1-\dfrac{x-1\,000}{700} & x\in(1\,000,1\,700) \\ 0 & x\in[1\,700,\infty] \end{cases} \tag{7-18}$$

Ⅳ类白化函数为：

$$
f_{11}(x) = \begin{cases} 1 - \dfrac{x-300}{700} & x \in (300,650] \\ 1 + \dfrac{x-1\,000}{700} & x \in [650,1\,000) \\ 0 & x \in [0,300] \cup [1\,000,\infty] \end{cases} \tag{7-19}
$$

7.3.2.3　煤层渗透率

8 号煤层预测的煤层渗透率介于 0.001～0.65 mD 之间。基于预测的煤层渗透率，结合煤层渗透率的分级，将煤储层渗透率小于 0.01 mD 划分为Ⅳ类（表 7-8）。

表 7-8　煤储层渗透率指标分类标准

评价指标	Ⅰ 类	Ⅱ 类	Ⅲ 类	Ⅳ 类
渗透率/mD	＞0.300	0.300～0.100	0.100～0.010	＜0.010

构建如下 4 种类型白化函数。

Ⅰ类白化函数为：

$$
f_{11}(x) = \begin{cases} 1 & x \in [0.310,\infty] \\ 1 + \dfrac{x-0.310}{0.300} & x \in (0.010,0.310) \\ 0 & x \in [0,0.010] \end{cases} \tag{7-20}
$$

Ⅱ类白化函数为：

$$
f_{11}(x) = \begin{cases} 1 + \dfrac{x-0.100}{0.300} & x \in [0,0.100) \\ 1 & x \in [0.10,0.300] \\ 1 - \dfrac{x-0.300}{0.300} & x \in (0.300,0.600) \\ 0 & x \in [0.600,\infty] \end{cases} \tag{7-21}
$$

Ⅲ类白化函数为：

$$
f_{11}(x) = \begin{cases} 1 + \dfrac{x-0.010}{0.300} & x \in [0,0.010) \\ 1 & x \in [0.010,0.100] \\ 1 - \dfrac{x-0.100}{0.300} & x \in (0.100,0.400) \\ 0 & x \in [0.400,\infty] \end{cases} \tag{7-22}
$$

Ⅳ类白化函数为：

$$f_{11}(x) = \begin{cases} 1 & x \in [0,0.010] \\ 1 - \dfrac{x - 0.010}{0.300} & x \in (0.010,0.310) \\ 0 & x \in [0.310,\infty] \end{cases} \quad (7\text{-}23)$$

7.3.2.4 煤层顶底板岩石力学性质

结合煤层与顶底板岩石力学实际差异比值，进一步将地段划分为 4 种类型。

煤层顶底板与煤层的弹性模量、抗压强度比值均≥5 时，水力压裂缝隙容易被控制在煤层中，是煤层气水力压裂的有利地段，因此将该地段划分为Ⅰ类地段。为了简化运算过程，设定边界上限值为 1，煤层与顶底板岩石强度差异越大，其值越小。

考虑顶底板实际岩性特征以及顶板含水层的威胁，当顶板弹性模量、抗压强度与煤比值≥5，而底板与煤层比值＜5 时，煤层水力压裂裂隙较容易被控制在顶板之下，该地段是煤层气水力压裂的较有利地段，因此将该地段划分为Ⅱ类地段。设边界上限值 2。

当顶板弹性模量与煤比值≥5，其余比值均≥5 时，水力压裂裂缝控制在顶底板之下可能较为困难，因此将该地段划分为Ⅲ类。赋边界上限值 3。

当顶底板与煤弹性模量、抗压强度比值均＜5 时，水力压裂裂缝容易穿层，因此将该地段划分为Ⅳ类地段。设计其值＞3。

煤层与顶底板力学指标分类标准见表 7-9。

表 7-9 煤层与顶底板力学指标分类标准

评价指标	Ⅰ类	Ⅱ类	Ⅲ类	Ⅳ类
煤与顶底板岩石力学差异	＜1	1～2	2～3	＞3

构建如下 4 种类型白化函数。

Ⅰ类白化函数为：

$$f_{11}(x) = \begin{cases} 1 & x \in [0,1] \\ 1 - \dfrac{x - 1}{3} & x \in (1,4) \\ 0 & x \in [4,\infty] \end{cases} \quad (7\text{-}24)$$

Ⅱ类白化函数为：

$$f_{11}(x) = \begin{cases} 1 + \dfrac{x-1}{3} & x \in [0,1) \\ 1 & x \in [1,2] \\ 1 - \dfrac{x-2}{3} & x \in (2,5) \\ 0 & x \in [5,\infty] \end{cases} \qquad (7\text{-}25)$$

Ⅲ类白化函数为:

$$f_{11}(x) = \begin{cases} 1 + \dfrac{x-2}{3} & x \in [0,2) \\ 1 & x \in [2,3] \\ 1 - \dfrac{x-3}{3} & x \in (3,6) \\ 0 & x \in [6,\infty] \end{cases} \qquad (7\text{-}26)$$

Ⅳ类白化函数为:

$$f_{11}(x) = \begin{cases} 1 + \dfrac{x-3}{3} & x \in [0,3) \\ 1 & x \in [3,\infty] \end{cases} \qquad (7\text{-}27)$$

7.3.2.5　煤层含气量

8 号煤层含气量介于 3～20 m³/t 之间。单井产气量整体上随着煤层含气量的增高而增高。内断层附近煤层气井产气量较低,而靠近褶皱核部的产气量较高,这侧面反映煤层含气量与气井产量有一定的正相关性。将煤层含气量 5 m³/t、10 m³/t、15 m³/t 作为模糊评语的界限值。煤层气含量指标分类标准见表 7-10。

表 7-10　煤层气含量指标分类标准

评价指标	Ⅰ类	Ⅱ类	Ⅲ类	Ⅳ类
煤层气含量/(m³/t)	>15	15～10	10～5	<5

构建如下 4 种类型白化函数。

Ⅰ类白化函数为:

$$f_{11}(x) = \begin{cases} 1 & x \in [15,\infty] \\ 1 + \dfrac{x-15}{10} & x \in (5,15) \\ 0 & x \in [0,5] \end{cases} \qquad (7\text{-}28)$$

Ⅱ类白化函数为：

$$f_{11}(x)=\begin{cases} 1+\dfrac{x-10}{10} & x\in[0,10) \\ 1 & x\in[10,15] \\ 1-\dfrac{x-15}{10} & x\in(15,25) \\ 0 & x\in[25,\infty] \end{cases} \qquad (7\text{-}29)$$

Ⅲ类白化函数为：

$$f_{11}(x)=\begin{cases} 1+\dfrac{x-5}{10} & x\in[0,5) \\ 1 & x\in[5,10] \\ 1-\dfrac{x-10}{10} & x\in(10,20) \\ 0 & x\in[20,\infty] \end{cases} \qquad (7\text{-}30)$$

Ⅳ类白化函数为：

$$f_{11}(x)=\begin{cases} 1 & x\in[0,5] \\ 1-\dfrac{x-5}{10} & x\in(5,15) \\ 0 & x\in[15,\infty] \end{cases} \qquad (7\text{-}31)$$

7.3.2.6 煤储层压力梯度

太原组煤储层压力梯度为 0.30～0.95 MPa，其平均值为 0.76 MPa，在西北部其可达 0.9 MPa/100 m 以上，大部分煤储层属于欠压状态。将煤储层压力梯度 1.10 MPa/100 m、0.8 MPa/100 m 作为模糊评级语界限值。煤储层压力梯度指标分类标准见表 7-11。

表 7-11 煤储层压力梯度指标分类标准

评价指标	Ⅰ类	Ⅱ类	Ⅲ类	Ⅳ类
储层压力梯度/（MPa/100 m）	>1.1	1.1～0.8	0.8～0.5	<0.5

构建如下 4 种类型白化函数。

Ⅰ类白化函数为：

$$f_{11}(x)=\begin{cases} 1 & x\in[1.1,\infty] \\ 1+\dfrac{x-1.1}{0.6} & x\in(0.5,1.1) \\ 0 & x\in[0,0.5] \end{cases} \qquad (7\text{-}32)$$

Ⅱ类白化函数为:

$$f_{11}(x) = \begin{cases} 1 - \dfrac{x-1.1}{0.6} & x \in (1.1, 1.7) \\ 1 & x \in [0.8, 1.1] \\ 1 + \dfrac{x-0.8}{0.6} & x \in (0.2, 0.8) \\ 0 & x \in [0, 0.2] \end{cases} \tag{7-33}$$

Ⅲ类白化函数为:

$$f_{11}(x) = \begin{cases} 1 - \dfrac{x-0.8}{0.6} & x \in (0.8, 1.4] \\ 1 & x \in [0.5, 0.8] \\ 1 + \dfrac{x-0.5}{0.6} & x \in [0, 0.5) \end{cases} \tag{7-34}$$

Ⅳ类白化函数为:

$$f_{11}(x) = \begin{cases} 1 & x \in [0, 0.5] \\ 1 - \dfrac{x-0.5}{0.6} & x \in (0.5, 1.1) \\ 0 & x \in [1.1, \infty] \end{cases} \tag{7-35}$$

7.3.3 煤层气有利建产区预测

通过对各钻井参数隶属函数计算聚类系数 σ_i,构建各个灰类的灰色评价权向量 σ_{ij},从而得到各指标所属矩阵 $\boldsymbol{R}$。模糊综合评价每个钻孔的评语集等级。评价及预测古交区块煤层气有利建产区,其结果如图 7-11 所示。

以 D4 钻井为例,计算钻孔 8 号煤层评价等级。依据灰岩白化函数,构建 D4 钻井各指标评价矩阵 $\boldsymbol{R}$:

$$\boldsymbol{R} = \begin{bmatrix} 0.56 & 0.92 & 1 & 0.78 \\ 0.66 & 0.80 & 1 & 0.99 \\ 0 & 0.70 & 1 & 1 \\ 0.67 & 1 & 1 & 0.67 \\ 0.10 & 0.60 & 1 & 0.90 \\ 0.30 & 0.80 & 1 & 0.70 \end{bmatrix} \tag{7-36}$$

模糊综合评价结构为:

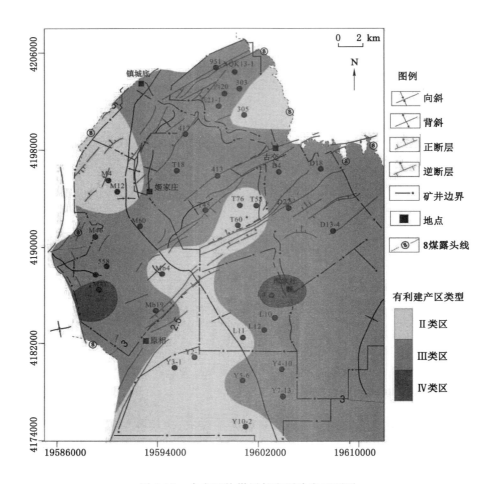

图 7-11　古交区块煤层气有利建产区预测

$$V = W \cdot R = (0.30,\ 0.76, 1.00, 0.88)$$

经计算可知,D4 钻井 8 号煤层属于Ⅲ类潜力建产井。同理,计算各井的建产区潜力类型,其结果见表 7-12。

灰色模糊分析表明,古交区块煤层气建产区评价类型有Ⅱ、Ⅲ、Ⅳ三种类型,以Ⅲ类为主,Ⅱ类次之,Ⅳ类零星分布。煤层气储层非均质性造成煤层气开发地质因素之间配置不平衡。

表 7-12　古交区块 8 号煤层灰色模糊模型评价基本参数

钻孔	碎粒煤～糜棱煤厚度比例/%	埋深/m	渗透率/mD	顶底板力学性质分级	煤层气含量/(m³/t)	储层压力梯度/(MPa/100 m)	综合评价等级
D4*	39.19	309	0.010	2	6	0.68	Ⅲ
D18	43.79	281.25	0.009	3	6	0.67	Ⅲ
D13-4	10.42	431.57	0.01	4	16	0.64	Ⅱ
D22	23.91	326.86	0.005	1	8	0.72	Ⅲ
T18	38.92	312.87	0.01	2	4	0.77	Ⅲ
417	43.18	246.76	0.101	2	5	0.86	Ⅲ
413	0	313.8	0.156	2	6	0.7	Ⅲ
T58	10.19	499.51	0.001	1	15	0.76	Ⅱ
T45	83	401.31	0.001	2	13	0.78	Ⅲ
T60	35.12	574.89	0.001	1	16	0.76	Ⅱ
T76	41.01	479.48	0.001	1	15	0.77	Ⅱ
303	40.53	281.22	0.201	2	4	0.82	Ⅲ
951	25.34	280.2	0.401	2	3	0.79	Ⅲ
XQK13-1	0	111.95	0.109	2	4	0.83	Ⅲ
曲 20*	36.46	312.23	0.65	2	4	0.81	Ⅲ
曲 21-1	27.71	224.03	0.491	2	3	0.84	Ⅲ
305	24.59	224.98	0.251	2	6	0.81	Ⅱ
M58	22.52	511.95	0.101	2	4	0.86	Ⅲ
M12	28.05	544.67	0.271	3	10	0.87	Ⅱ
M46*	40.42	149.67	0.061	1	4	0.83	Ⅲ
M60	17.48	668.34	0.069	4	4	0.82	Ⅲ
M71	63.63	550.77	0.009	3	3	0.86	Ⅳ
MB4	19.81	587.05	0.015	1	11	0.81	Ⅱ
MB19	14.15	657.09	0.026	1	5	0.77	Ⅲ
558	52.02	521.65	0.01	2	3	0.87	Ⅲ
M4	46.15	512.99	0.351	2	11	0.88	Ⅱ
L4	66.67	529.7	0.01	1	20	0.59	Ⅳ
L10	39.22	762.2	0.021	3	18	0.53	Ⅲ

表7-2(续)

钻孔	碎粒煤~糜棱煤厚度比例/%	埋深/m	渗透率/mD	顶底板力学性质分级	煤层气含量/(m³/t)	储层压力梯度/(MPa/100 m)	综合评价等级
L11	6.9	758.4	0.061	3	16	0.59	Ⅱ
L12	50.98	878.8	0.039	3	17	0.53	Ⅲ
y4-10	45.16	877.4	0.028	4	12	0.39	Ⅲ
y2-1*	42.55	910.05	0.176	2	13	0.69	Ⅱ
y5-6	70.59	1 002.4	0.061	3	14	0.55	Ⅲ
y10-2*	20.9	898.3	0.006	4	15	0.5	Ⅱ
y3-1	14.49	714.95	0.156	2	16	0.72	Ⅱ
y7-13	29.41	849.9	0.016	4	12	0.39	Ⅲ

煤层气有利建产区Ⅱ类区域主要分布于马兰向斜的轴部附近和南部。马兰轴部煤层埋藏一般较深,煤层气含量高,碎粒煤~糜棱煤所占煤层厚度较小,是最有利煤层气开发的区域之一。东北部煤层埋深大、煤体结构以原生煤、碎裂煤为主,煤层煤体可改性强,煤层渗透率较好,是又一有利煤层气开发的区域。在西北部,马兰向斜轴部走向往北偏转处,也是煤层气开发的有利区域;在此区域,受广泛发育的小断层影响,煤层裂隙发育,煤层渗透率高,储层压力梯度较大。

煤层气Ⅲ类建产区分布最为广泛,基本全区分布。北部西曲井田、镇城底井田、马兰井田以及屯兰井田北部煤层气含量较低,其煤层气含量甚至小于4 m³/t。煤层气含量较低是制约Ⅲ类型区域的重要因素。Ⅳ类区域零星分布,此区域主要受煤体结构的影响,碎粒煤~糜棱煤非常发育;开发Ⅳ类区域应该针对变形煤体采用针对性的工艺措施。

7.3.4 煤层气建产区制约因素分析

Ⅱ类煤层气建产区是最有利建产区。Ⅱ类建立区碎粒煤~糜棱煤厚度所占比例低于Ⅲ类、Ⅳ类建产区的,其中Ⅳ类建产区碎粒煤~糜棱煤厚度所占比例一般大于60%。Ⅱ类建产区煤层埋深集中在600 m左右,煤层气含量集中在10~15 m³/t。Ⅲ类建产区煤层埋深主要集中在400 m以浅和700 m以深,煤层气含量一般小于6 m³/t(图7-12)。Ⅱ类建产区的有利地质因素包括煤体结构、煤层埋深、煤层气含量三个指标。

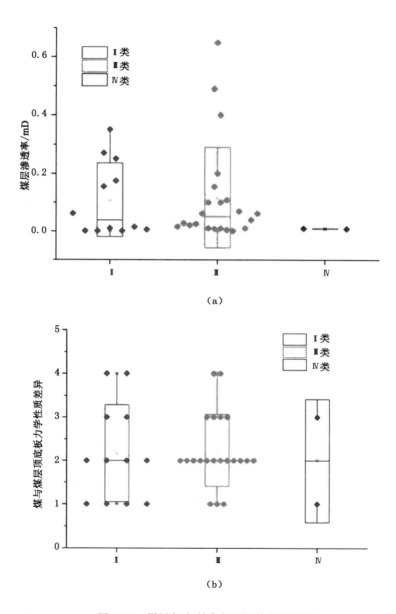

（a）

（b）

图 7-12　煤层气有利建产区评价指标箱型

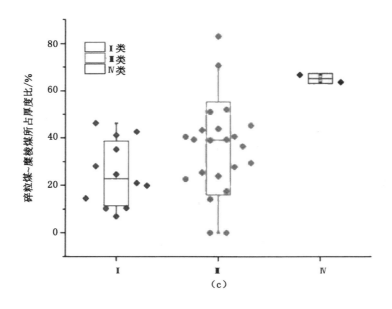

（c）

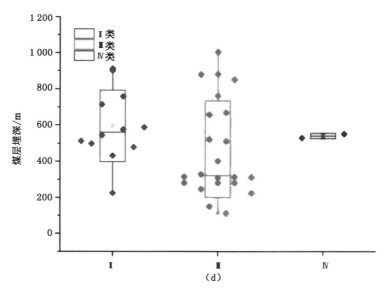

（d）

图 7-12（续）

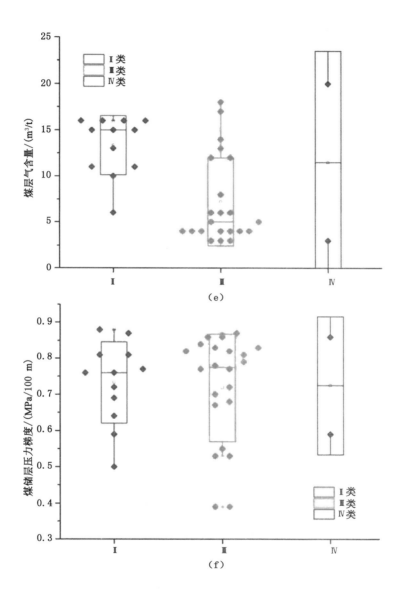

图 7-12（续）

相反,煤储层渗透率、顶底板岩石与煤力学性质差异、煤储层压力梯度指标制约着Ⅱ类建产区(图 7-12)。例如,Ⅱ类建产区与Ⅲ类、Ⅳ类建产区渗透率大多集中在 0.1 mD 左右,渗透率对其评价指标贡献不大(图 7-12)。制约Ⅲ类建产区的因素主要是较低的煤层气含量,较高的碎粒煤～糜棱煤所占厚度比例和埋深较浅等(图 7-12)。制约Ⅳ类区域的主要因素是碎粒煤～糜棱煤所占厚度比例。

不同类型建产区的制约因素不同。针对不同的制约因素,煤层气开发应该考虑针对性的施工工艺和排采制度,以提高煤层气产量。

第 8 章　基于煤体结构水力强化机理研究

水力强化是一种增透技术,是指用高压水通过钻孔以大于煤岩层滤失速率的排量注入,克服最小地应力和煤岩层的抗拉强度,使之破裂,形成裂隙网络,实现造缝增透;同时采用压冲一体化排出部分煤岩体,实现卸压增透。煤矿井下具有特有的工程条件,可实施常规水力压裂、吞吐水力压裂、水力喷射压裂和水力压冲四种水力强化类型。根据钻孔布置位置的不同,钻孔布置可分为本煤层布置与虚拟储层布置两类。

8.1　水力压裂起裂机理分析

在进行钻孔注水压裂过程中,首先是在煤层和岩层中钻进钻孔。钻孔的形成导致钻孔围岩中的原岩应力发生重新分布。应力重新分布的结果使位于钻孔围岩不同深度位置处的围岩处于不同的状态。根据钻孔围岩的不同状态,将其划分为四个区,即破裂区、塑性区、弹性区和原岩应力区,如图 8-1 所示。

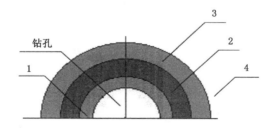

1—破裂区;2—塑性区;3—弹性区;4—原岩应力区。

图 8-1　钻孔围岩状态分区

在破裂区内,煤体和岩石处于破坏状态,靠孔周切向应力所产生的块体之间的摩擦阻力来维持稳定;在塑性区域内,煤体处于压缩变形的塑性阶段,在应力重新分布的影响下,内部裂隙产生新的具有一定方向性的裂隙弱面,以上两个区域范围的大小与煤体的物理力学性质及原岩应力场的分布状态有密切关系。在弹性区内,煤体处于在外力作用下的弹性变形阶段,内部所具有的裂隙仍以原生裂隙弱面为主,只不过是在重新的应力作用下裂隙弱面的空间尺度发生一定的变化而已,但煤体仍处于弹性变形阶段。随着距离钻孔距离增加,在弹性区域之外是原岩应力区,该区域内煤体可视为不受钻孔形成的影响。

以上是根据煤体和岩石在应力重新分布的影响下,按煤体内部结构的变化特点和煤体变形所处的不同阶段来进行分区。实际上相邻区域之间并没有明显的界限,在相邻区域之间存在过渡区。

8.2　常规水力压裂工艺分析

常规水力压裂的原理是:用压裂泵将液体以高压大排量向煤岩层注入,由于液体注入速率大于煤岩层吸收速率,而在煤岩层内部产生张应力,当这个力超过某一方向的轴应力时,煤岩层本身在这个方向上所受到的轴应力完全被液体所传导下来的外来力所克服;随着外来力量的增加,在克服煤岩层本身破裂时所需要的力量后,煤岩层在最薄弱的地方开始破损,裂缝扩张延伸,使煤岩层的渗透率得到改善。

水力压裂过程中的裂隙形成是有次序的。裂隙首先发生在张开度较大的层理或切割裂缝等一级弱面中,然后发生在二级弱面,直到延伸到原生微裂隙。

常规水力压裂可以在硬煤、顶底板和硬煤、顶底板和软煤三种情况下使用。

当钻孔打在硬煤层中,煤层内水的运动具有渗流、毛细浸润和水分子扩散三种状态,且在渗透过程中伴随毛细浸润和水分子扩散现象。压力分解作用导致裂隙弱面发生扩展、延伸以及相互贯通,是建立在原始各级弱面基础上,通过水在裂隙弱面内对壁面产生内压而发生的。水力压裂形成径向引张裂隙,是合力作用的结果。这种裂隙对储层渗透性的改变有重要贡献。

当在顶底板中施工钻孔,煤体结构为硬煤时,水力压裂形成的裂缝可以通过顶板继续在煤层内部延伸,瓦斯运移产出过程为"基质孔隙扩散→煤层内渗流→虚拟储层内渗流→钻孔产出"。当煤体结构为软煤时,水力压裂裂缝即使到达煤层,但软煤力学残余强度低,水力压裂只能形成挤胀或穿刺,无法形成有效的裂隙增透,且瓦斯流态仍是两级扩散方式,速度缓慢。但水力压裂把煤层和顶底板强化层统一联系起来,采用水力压裂在顶底板内形成多级和多类型的复杂裂隙网络,促使裂隙增容,瓦斯以最短距离扩散至顶底板缝隙所形成的高速通道,然后以渗流形式快速产出。与原来主要以扩散为主的本煤层瓦斯抽采相比,这种工艺瓦斯抽采覆盖面和提高抽采效率。

8.3　软煤层水力压裂增透工艺实践

　　豫西煤田软煤分布广泛,甚至整个二$_1$煤层均为软煤。对于"软煤",煤层力学残余强度低,水力压裂无法形成有效的裂缝,无法实现瓦斯流态的变化,瓦斯运移产出仅存在二级扩散方式,速度极慢,因此无法直接实施本煤层水力压裂增透,只有采用"虚拟储层"模式才能进行水力压裂(图 8-2)。其具体原理就是在煤层的顶底板施工钻孔,然后进行水力压裂使钻孔与煤层沟通。以往瓦斯经过长距离扩散至抽采钻孔,瓦斯运移速度缓慢是主要弊端。在煤层顶底板实施钻孔,水力压裂后瓦斯以最短距离扩散至顶底板缝隙所形成的"高速公路"上,然后以渗流快速产出,与原来主要以扩散为主的瓦斯抽采相比,增大瓦斯抽采覆盖面和提高抽采效率。

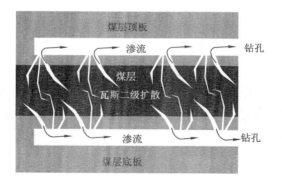

图 8-2　虚拟储层模式瓦斯流态改变示意图

8.3.1　顶底板穿层钻孔水力压裂工艺

　　该工艺(图 8-3)利用现行的底板巷道穿层钻孔进行煤层+顶底板压裂,实现瓦斯快速抽采,达到掘进巷道消突目的,适用软煤。

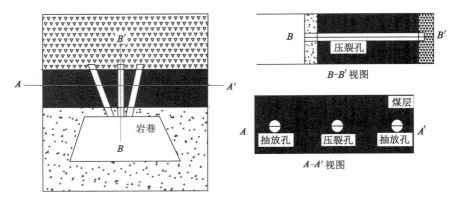

图 8-3　穿层钻孔虚拟储层水力压裂工艺

8.3.2　顶板顺层钻孔水力压裂工艺

对"软煤"来说,水力压裂无法在煤储层中形成新的裂缝,只有采用"虚拟储层"模式来建立瓦斯运移产出通道。顶板顺层钻孔水力压裂工艺就是沿着煤层面在顶板岩层中施工钻孔,然后实施水力压裂使煤层的顶板破裂与煤层沟通,建立"煤层扩散→顶板渗流"的瓦斯运移产出通道。该工艺抽放孔布置见图 8-4。

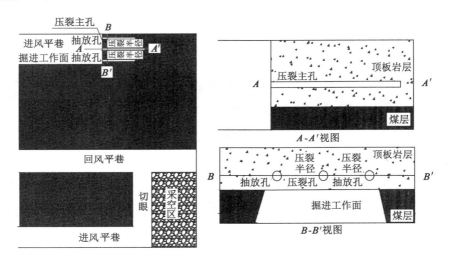

图 8-4　顺层钻孔虚拟储层水力压裂工艺

在掘进头、采煤工作面实施顶底板长钻孔水力压裂,替代目前的岩巷,实现区域消突,但会引起采掘部署的改变。顶板顺层钻孔水力压裂工艺的核心是顶板破裂与煤储层的沟通。由于瓦斯扩散是一个十分缓慢的过程,降低瓦斯在煤储层中的扩散距离是实现瓦斯快速产出的关键所在。

8.3.3　顶板羽状钻孔＋煤层水力压裂工艺

对于煤体结构 *GSI* 小于 45 的"软煤",可在煤层顶板施工羽状钻孔,然后对羽状分支孔分别实施水力压裂。裂缝与煤层沟通后建立虚拟储层模式抽采瓦斯。该工艺钻孔布置见图 8-5。

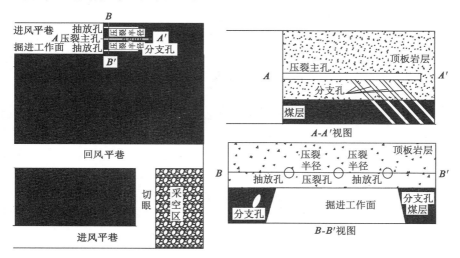

图 8-5　顶板羽状钻孔虚拟储层＋煤层水力压裂工艺

该工艺可以控制顶板裂缝与煤层接触程度。分支孔越多,水力压裂裂缝与煤层接触程度就越高,瓦斯在经历最短距离扩散后直接进入顶板裂缝以渗流产出,瓦斯运移速度快,瓦斯抽采效果好。这种工艺可在掘进头或采煤工作面实施,替代目前的岩巷以实现区域消突。

参 考 文 献

[1] 蔡美峰,何满潮,刘东燕.岩石力学与工程[M].北京:科学出版社,2002.

[2] 曹代勇,张守仁,任德贻.构造变形对煤化作用进程的影响[J].地质论评,2002,48(3):313-317.

[3] 曹运兴,彭立世,侯泉林.顺煤层断层的基本特征及其地质意义[J].地质论评,1993,39(6):522-528.

[4] 陈昌国,张代钧,鲜晓红,等.煤的微晶结构与煤化度[J].煤炭转化,1997,20(1):45-49.

[5] 陈健杰,江林华,张玉贵,等.不同煤体结构类型煤的导电性质研究[J].煤炭科学技术,2011,39(7):90-92.

[6] 陈开平,马瑾.铲式断层形成演化的动力学机制及其数值模拟[J].地震地质,1996,18(2):116-118.

[7] 陈鹏,王恩元,朱亚飞.受载煤体电阻率变化规律的试验研究[J].煤炭学报,2013,38(4):548-553.

[8] 陈跃,汤达祯,许号,等.基于测井信息的韩城地区煤体结构的分布规律[J].煤炭学报,2013,38(8):1435-1442.

[9] 崔楠,马占国,杨党委,等.孤岛面沿空掘巷煤柱尺寸优化及能量分析[J].采矿与安全工程学报,2017,34(5):914-920.

[10] 党春华.自然电位测井原理与应用[J].煤炭技术,2010,29(8):132-133.

[11] 董敏涛,张新民,郑玉柱,等.煤层渗透率统计预测方法[J].煤田地质与勘探,2005,33(6):28-30.

[12] 冯富成,毛耀保,王永,等.沁水盆地煤层气高渗富集区遥感研究[J].中国煤田地质,2002,14(2):24-28.

[13] 傅雪海,姜波,秦勇,等.用测井曲线划分煤体结构和预测煤储层渗透率[J].测井技术,2003,27(2):140-143.

[14] 傅雪海,秦勇.多相介质煤层气储层渗透率预测理论与方法[M].徐州:中国矿业大学出版社,2003.

[15] 弓金保.马兰矿矿井水文地质类型划分探讨[J].能源与节能,2012(2):4-5.

[16] 关伶俐,田洪铭,陈卫忠.煤岩力学特性及其工程应用研究[J].岩土力学,2009,30(12):3715-3719.

[17] 郭红玉,拜阳,蔺海晓,等.煤体结构全程演变过程中渗透特性试验及研究意义[J].煤炭学报,2014,39(17):2263-2268.

[18] 郭涛,王运海.延川南煤层气田2号煤层煤体结构测井评价及控制因素[J].煤田地质与勘探,2014,42(3):22-25.

[19] 郭晓红.数字测井在煤层顶底板岩石力学性质解释中的应用[J].陕西煤炭,2003(3):42-43.

[20] 郭彦省.基于非线性学习理论的非常规储层基本参数测井评价[D].北京:中国矿业大学(北京),2015.

[21] 韩贝贝.西山古交区块煤储层孔渗特性与有利建产区预测[D].徐州:中国矿业大学,2015.

[22] 侯俊胜.煤层气储层测井评价方法及其应用[M].长沙:冶金工业出版社,2000.

[23] 侯泉林,李会军,范俊佳,等.构造煤结构与煤层气赋存研究进展[J].地球科学,2011,42(10):1487-1494.

[24] 侯月华,姚艳斌,杨延辉,等.基于对应分析技术的煤体结构判别——以沁水盆地安泽区块为例[J].煤炭学报,2016,41(8):2041-2049.

[25] 胡广东,崔洪庆,关金锋.煤层小褶曲应力分布数值模拟[J].安全与环境学报,2016,16(1):54-57.

[26] 胡奇,王生维,张晨,等.沁南地区煤体结构对煤层气开发的影响[J].煤炭科学技术,2014,42(8):65-68.

[27] 黄兆辉.高阶煤层气储层测井评价方法及其关键问题研究[D].北京:中国地质大学(北京),2014.

[28] 吉双文.高电阻率地层自然电位异常分析与对策[J].录井工程,2007,18(2):46-49.

[29] 冀涛,杨德义.沁水盆地煤层气地质条件评价[J].煤炭工程,2007,10:83-86.

[30] 姜春露,姜振泉,刘盛东,等.基于地电场响应的多孔岩石注水-注浆模拟试验[J].煤炭学报,2012,37(4):602-605.

[31] 蒋建平,罗国煜,康继武.煤 X 射线衍射与构造煤变质浅议[J].煤炭学报,

2001,26(1):31-34.

[32] 晋香兰,张泓.基于多元回归分析的煤储层高渗透区预测——以沁水盆地为例[J].煤田地质与勘探,2006,34(2):22-25.

[33] 琚宜文,姜波,侯泉林,等.构造煤结构-成因新分类及其地质意义[J].煤炭学报,2004,29(5):513-517.

[34] 康红普,吴志刚,高富强,等.煤矿井下地质构造对地应力分布的影响[J].岩石力学与工程学报,2012,31(a01):2674-2680.

[35] 李安启,姜海,陈彩虹.我国煤层气井水力压裂的实践及煤层裂缝模型选择分析[J].天然气工业,2004,24(5):91-93.

[36] 李春生.邢台矿区显德汪井田煤层变薄带的形成机理分析[J].煤炭科学技术,2002,30(10):25-27.

[37] 李宏,张伯崇.水压致裂试验过程中自然电位测量研究[J].岩石力学与工程学报,2006,25(7):1425-1429.

[38] 李明,姜波,林寿发,等.黔西发耳矿区构造演化及煤层变形响应[J].煤炭学报,2011,10(10):1668-1473.

[39] 李同林,乌效鸣,屠厚泽.煤岩力学性质测试分析与应用[J].地质与勘探,2000,36(2):85-88.

[40] 李远光,梁杰锋,廖晶,等.宝北背斜逆断层形成数值模拟研究[J].断块油气田,2011,18(5):598-601.

[41] 李志强,鲜学福,隆晴明.不同温度应力条件下煤体渗透率试验研究[J].中国矿业大学学报,2009,38(4):523-527.

[42] 李志强,鲜学福,徐龙君,等.地应力、地温场中煤层气相对高渗区定量预测方法[J].煤炭学报,2009(6):766-770.

[43] 梁亚林,陈继亮.用数字测井资料预测煤储层渗透率和储层压力[J].煤田地质豫勘探,2000,28(6):30-31.

[44] 刘俊来,杨光,马瑞.高温高压试验变形煤流动的宏观与微观力学表现[J].科学通报,2005,50(S1):56-63.

[45] 刘咸卫,曹运兴,刘瑞旬.正断层两盘的瓦斯突出分布特征及其地质成因浅析[J].煤炭学报,2000,25(6):571-575.

[46] 刘震.滑脱构造与岩煤流变[J].能源与环境,2008(3):84-85.

[47] 龙王寅,朱文伟,徐静,等.利用测井曲线判识煤体结构探讨[J].中国煤田地质,1999,11(2):64-66.

[48] 吕闰生,彭苏萍,徐延勇.含瓦斯煤体渗透率与煤体结构关系的试验研究

[J].重庆大学学报,2012,35(7):114-118.

[49] 吕绍林,何继善.瓦斯突出煤体的导电性质研究[J].中南工业大学学报,1998,29(6):510-514.

[50] 孟召平,田永东,李国富.煤层气开发地质学理论与方法[M].北京:科学出版社,2010.

[51] 南存全,冯夏庭.凹形圆弧断裂构造的简化力学模型及其解析分析[J].岩石力学与工程学报,2004,23(23):3984-3989.

[52] 倪小明,陈鹏,李广生,等.恩村井田煤体结构与煤层气垂直井产能关系[J].天然气地球科学,2010,21(3):508-512.

[53] 宁超,段守军.煤炭资源评价中的模糊灰色理论方法[J].河南理工大学学报(自然科学版),2011,30(4):489-492.

[54] 彭苏萍,杜文风,苑春方.不同结构类型煤体地球物理特征差异分析和纵横波联合识别与预测方法研究[J].地质学报,2008,82(10):1311-1322.

[55] 乔伟,倪小明,张小东.煤体结构组合与井径变化关系研究[J].河南理工大学学报(自然科学版),2010,29(2):162-166.

[56] 秦勇,姜波,王继尧,等.沁水盆地煤层气构造动力条件耦合控藏效应[J].地质学报告,2008,82(10):1355-1362.

[57] 秦勇,叶建平,林大扬,等.煤储层厚度与其渗透性及含气性关系初步探讨[J].煤田地质与勘探,2000,28(1):24-27.

[58] 申建,傅雪海,秦勇,等.平顶山八矿煤层底板构造曲率对瓦斯的控制作用[J].煤炭学报,2010,35(4):586-589.

[59] 宋岩,柳少波,琚宜文,等.含气量和渗透率耦合作用对高丰度煤层气富集区的控制[J].石油学报,2013,34(3):417-426.

[60] 宋志敏,牛雅莉,彭立世.矿井瓦斯突出危险带的预测方法[J].矿业安全与环保,2002,29(4):17-19.

[61] 苏现波,林晓英.煤层气地质学[M].北京:煤炭工业出版社,2008.

[62] 苏现波,王庆伟,林晓英.安阳矿区双全井田岩性结构与煤体变形的关系[J].煤田地质与勘探,2008,36(1):1-4.

[63] 孙建安.石炭井矿区煤变质因素探讨[J].中国煤田地质,2003,15(2):8-9,34.

[64] 孙培德,鲜学福.煤层瓦斯渗流力学的研究进展[J].焦作工学院学报,2001,20(3):161-165.

[65] 孙培德.变形过程中煤样渗透率变化规律的试验研究[J].岩石力学与工

程学报,2001,20(增1):1801-1804.

[66] 孙四清,陈致胜,韩保山,等.测井曲线判识构造软煤技术预测煤与瓦斯突出[J].煤田地质与勘探,2006,34(4):65-68.

[67] 孙玉琦.古交矿区山西组沉积环境及其对煤层气富集的影响[D].徐州:中国矿业大学,2015.

[68] 孙宗颀,张景和.地应力在地质断层构造发生前后的变化[J].岩石力学与工程学报,2004,23(23):964-969.

[69] 谭晓慧,宋传中,查甫生,等.数值模拟方法在构造变形研究中的应用[J].合肥工业大学学报(自然科学版),2010,33(12):1851-1857.

[70] 汤友谊,孙四清,田高岭.测井曲线计算机识别构造软煤的研究[J].煤炭学报,2005,30(3):93-96.

[71] 汤友谊,田高岭,孙四清,等.对煤体结构形态及成因分类的改进和完善[J].焦作工学院学报(自然科学版),2004,23(3):161-164.

[72] 陶云奇,许江,程明俊,等.含瓦斯煤渗透率理论分析与试验研究[J].岩石力学与工程学报,2009,28(增2):3363-3370.

[73] 田贵发,潘语录,案安辉.应用自然电位测井资料解释鱼卡煤田含水层[J].中国煤田地质,2007,19(1):71-73.

[74] 汪岗.古交区块石炭二叠系含煤层气系统[D].徐州:中国矿业大学,2016.

[75] 汪云龙,倪进木.潘三煤矿东部采11^{-2}煤层小型构造发育特征及其对煤层的影响[J].矿业科学技术,2000,28(1):7-10.

[76] 王保玉.晋城矿区煤体结构及其对煤层气井产能的影响[D].北京:中国矿业大学(北京),2015.

[77] 王定武.利用模拟测井曲线判识构造煤的研究[J].中国煤田地质,1997,9(4):70-75.

[78] 王恩营,刘明举,魏建平.构造煤成因-结构-构造分类新方案[J].煤炭学报,2009,5:656-660.

[79] 王恩营,邵强,杜云宽,等.逆断层两盘构造煤成因机理与分布[J].矿业安全与环保,2010,37(1):4-6.

[80] 王江峰,王小明.用小波分析提高测井曲线中构造煤薄层的分辨率[J].科技情报开发与经济,2006,16(17):188-189.

[81] 王庆伟.岩体力学在煤体变形中的应用[D].焦作:河南理工大学,2008.

[82] 王生全,王贵荣,常青,等.褶皱中和面对煤层的控制性研究[J].煤田地质与勘探,2006,34(4):16-18.

［83］王生全,王晓刚,郑华萍,等.韩城北部矿区煤储层渗透性分析［J］.西安矿业学院学报,1997,17(2):142-145,162.

［84］王生全,王英,曹雪梅.石嘴山一矿煤体结构变化的地质控制［J］.西安科技学院学报,2003,23(1):41-45.

［85］王生全.论韩城矿区煤层气的构造控制［J］.煤田地质与勘探,2002,30(1):21-25.

［86］王生维,侯光久,张明,等.晋城成庄矿煤层大裂隙系统研究［J］.科学通报,2005,50(b10):38-44.

［87］王胜本,张晓.煤矿井下地质构造与地应力的关系［J］.煤炭学报,2008,33(7):738-742.

［88］王云刚.受载煤体变形破裂微波辐射规律及其机理的基础研究［D］.徐州:中国矿业大学,2008.

［89］王志荣,谢清莲.根据测井数据评价煤层构造岩顶板抗压强度［J］.煤田地质与勘探,2003,31(6):47-50.

［90］文光才.无线电波透视煤层突出危险性机理的研究［D］.徐州:中国矿业大学,2003.

［91］吴基文,姜振泉,樊成,等.煤层抗拉强度的波速测定研究［J］.岩土工程学报,2005,27(9):999-1003.

［92］吴俊松,王定武,傅昆岚.利用模拟测井曲线判识构造煤分层［J］.江苏煤炭,2004,3:44-45.

［93］谢和平,彭瑞东,鞠杨.岩石变形破坏过程中的能量耗散分析［J］.岩石力学与工程学报,2004,23(21):3565-3070.

［94］谢学恒,樊明珠.基于测井响应的煤体结构定量判识方法［J］.中国煤层气,2013,10(5):27-33.

［95］徐宏武.煤层电性参数测试及其与煤岩特性关系的研究［J］.煤炭科学技术,2005,33(3):42-47.

［96］薛念周,刘保华.自然电位曲线的应用实例［J］.西部探矿工程,2011,12:135-136.

［97］闫立宏,吴基文,刘小红.水对煤的力学性质影响试验研究［J］.建井技术,2002,23(3):30-32.

［98］严家平,王定武.利用煤田钻孔测井信息判识祁东煤矿构造煤的理论与实践［J］.矿业安全与环保,2003,30(6):37-38,46.

［99］颜青.比德-三塘盆地煤与岩石力学性质及煤层压裂可改造性［D］.徐州:

中国矿业大学,2014.

[100] 杨笪.受载含瓦斯煤体电性参数的试验研究[D].焦作:河南理工大学,2012.

[101] 杨为民.利用测井曲线分析和判别构造煤[J].煤炭科技资料,1991,4:1-5.

[102] 姚军朋,司马立强,张玉贵.构造煤地球物理测井定量判识研究[J].煤炭学报,2011(s1):94-98.

[103] 叶青,林柏泉.马家沟矿瓦斯动力现象分析[J].煤矿安全,2006,37(7):40-43.

[104] 员争荣.构造应力场对煤储层渗透性的控制机制研究[J].煤田地质与勘探,2004,32(4):44-46.

[105] 袁崇孚,张光德,张子戌.煤的电子顺磁共振分析在瓦斯突出预测中应用的探讨[J].煤炭科学技术,1991,11:5,37-40.

[106] 张广洋,谭学术.煤的导电性与煤大分子结构关系的试验研究[J].煤炭转化,1994(2):10-13.

[107] 张泓,王绳祖,郑玉柱,等.古构造应力场与低渗煤储层的相对高渗区预测[J].煤炭学报,2004,29(6):708-711.

[108] 张景廉,刘全新,梁秀文,等.有关自然伽马能谱测井在储层预测中的应用讨论[J].石油地球物理勘探,2000,35(3):395-400.

[109] 张玉贵,曹运兴,李凯琦.构造煤顺磁共振波谱特征初探[J].焦作工学院学报,1997,16(2):37-40.

[110] 张志镇,高峰.受载岩石能量演化的围压效应研究[J].岩石力学与工程学报,2015,34(1):1-11.

[111] 张子戌,吕闰生,刘高峰,等.基于小波变换的构造煤自动判识软件开发[J].河南理工大学学报(自然科学版),2006,25(5):345-347.

[112] 张作清,龚劲松,卢继香.密度测井在山西和顺地区煤层气储层评价中的应用[J].油气藏评价与开发,2013,3(5):66-70.

[113] 章云根.淮南煤田构造煤发育特征分析[J].能源技术与管理,2005,3:5-7.

[114] 赵洪宝,李振华,仲淑姮,等.单轴压缩状态下含瓦斯煤岩力学特性试验研究[J].采矿与安全工程学报,2010,27(1):131-134.

[115] 赵庆波,刘冰,姚超.世界煤层气工业发展现状[M].北京:地质出版社,1998.

[116] 赵争光,杨瑞召,张凯淞,等.基于最大主曲率的煤储层渗透性预测方法[J].煤田地质与勘探,2014,42(2):40-44.

[117] 郑文海.地应力分布规律的 FLAC³D 模拟研究[D].泰安:山东科技大学,2011.

[118] 周建勋,王桂梁,邵震杰.煤的高温高压试验变形研究[J].煤炭学报,1994,19(3):324-332.

[119] 朱宝存,唐书恒,张佳赞.煤岩与顶底板岩石力学性质及对煤储层压裂的影响[J].煤炭学报,2009(6):756-760.

[120] 朱兴珊,陈建平.破坏煤形成的微观机理及其与瓦斯突出及煤层气开采的关系[J].煤矿现代化,1999,3:26-29.

[121] 朱兴珊,徐凤银.南桐矿区破坏煤发育特征及其影响因素[J].煤田地质与勘探,1996,24(2):28-32.

[122] 邹明俊.三孔两渗煤层气产出建模及应用研究[D].徐州:中国矿业大学,2014.

[123] CHATTERJEE R,PAUL S.Classification of coal seams for coal bed methane exploitation in central part of Jharia coalfield,India-A statistical approach[J].Fuel,2013,111(3):20-29.

[124] GHOSH S,CHATTERJEE R,SHANKER P.Estimation of ash,moisture content and detection of coal lithofacies from well logs using regression and artificial neural network modelling[J].Fuel,2016,177:279-287.

[125] TENG J,YAO Y,LIU D,et al.Evaluation of coal texture distributions in the southern Qinshui basin,North China:Investigation by a multiple geophysical logging method[J].International Journal of Coal Geology,2015,140:9-22.

[126] WANG G,QIN Y,SHEN J,et al.Resistivity response to the porosity and permeability of low rank coal[J].International Journal of Mining Science and Technology,2016,26(2):339-344.

[127] WANG G,QIN Y,XIE Y,et al.The division and geologic controlling factors of a vertical superimposed coalbed methane system in the northern Gujiao blocks,China[J].Journal of Natural Gas Science & Engineering,2015,24:379-389.

[128] WANG Y J,LIU D M,CAI Y D,et al.Evaluation of structured coal e-

volution and distribution by geophysical[J].Journal of Natural Gas
Science and Engineering,2018,51 (2018):210-222.

[129] XIA P,ZENG F G,SONG X X,et al.Parameters controlling high-yield coalbed methane vertical wells in the B3 area, Xishan coal field, Shanxi,China[J].Energy Exploration & Exploitation,2016,34(5): 711-734.